この100年、俺の100台

——作り手の心に恋をする

立花啓毅

illustration by 小島早恵

はじめに

人とは面白いもので、初めて出会っても旧知の友のように心を開き、話に花が咲くことがある。相手もそのようで、いつの間にか家族のような親しい付き合いが始まったりする。そういった「心」と「心」が触れ合える人は、長い人生の中でも、ごくわずかだ。歩んできた道や仕事は異なっても、おそらく互いに同じテレパシーを発信しているからなのだろう。だから楽しい。互いに子供も自立し、それぞれの人生を背負ってきたぶん話題も豊富である。

そんな仲間と酒を交わしながら最後に出る言葉はいつも、「生涯の伴侶としてずーっと付き合えるクルマが欲しいよね」だ。生涯の伴侶は若いに越したことはないが、それは無理と承知だから、クルマに現《うつつ》を抜かすのだ。でも近頃口癖のように出るのは、「欲しいクルマがないね〜！」である。それは金がある人も、ない人も、さほどクルマに興味がない人もだ。

自身もまさにそのとおりで、毎月のように新車が発表されても食指が動かない。メーカーは少しでもお客に喜んでもらおうと好みを分析し、至れり尽くせりのクルマを作るが、それが仇になって、ますます我々からは遠ざかっていくのだ。

食指が動かないのは、市場調査のデータに頼り、クルマがテレパシーを発信していないからだ。だから「作り手の心」を感じられない。この作り手の心は、我々が五感を研ぎ澄ますことによってのみ見えてくる。いつの時代も作り手に熱い心があれば、クルマは輝きを放つのだ。

幸いにも私は、半世紀近くにもわたり、二輪メーカーと四輪メーカーで開発に従事し、また趣味の面でも多くのクルマやバイクに接してきた。さらには家にあったものや、開発用に会社が購入したクルマ、試乗会で乗せていただいたものまで含めるとかなりの数に上る。ちなみに自分自身で乗り継いだクルマとバイクは「ベロセットKTT」でちょうど100台となった。といっても私の100台は、どれもポンコツばかりだ。だが、それを自分でレストアし、ボディを裸にすると、作り手が何を考えて設計したかが見えてくる。レストアに時間が掛かれば掛かるほど作り手の心が伝わってくる。そんな「心」を感じるクルマについてまとめたのが本書である。これらの経験を踏まえ、私なりにそのクルマが作り出された背景も加えてご紹介したい。

紹介するといっても、バイクメーカーだけでも過去に3000社（*）も存在し、クルマを含めると途方もない数となる。その中から100台を厳選したわけだが、選定基準は「作り手の哲学」に置いた。「哲学」と言うと堅苦しいが、平たく言えば「作り手の考え」である。これは私がモノを作るにあたってもっとも必要と考えているもので、最近のクルマに欠けていると痛感している点でもある。

つまり大切なのは、何のためにクルマを作ろうとするのか、人や社会のために何を考えたのかということである。そういった作り手の心を推し量って評価を行なった。無論、「収益に貢献」だけではバツである。本著ではこういった私なりの評価と判断を基準に、特にお気に入りの四輪車29台、二輪車23台を詳しく紹介しようと思う。

なお本書は『ａｈｅａｄ』で連載していたものを基に、大幅に加筆・修正したものである。

立花啓毅《たちばなひろたか》

＊英国ドーリング・キンダースレー社が調べた二輪メーカーは、イギリス：685社、ドイツ：667社、イタリア：567社、フランス：479社、アメリカ：340社、ベルギー：94社、スイス：91社、オランダ：90社、オーストリア：81社、スペイン57社、日本：67社とあるが、日本のメーカー数が私の記憶より少なく思えた。そこで芝大門にある自動車図書館を訪れ、膨大な資料をめくり、重複をカットして整理した結果、日本には過去に283社もの二輪メーカーがあったことがわかった。

■選定基準

選定基準が「作り手の哲学」だけでは具体性に欠けるため、それを司る次の5つの軸で評価をした。

①「作り手の心／意思」の軸。心はコンセプトに現われるため、クルマからコンセプトを読み取り、それが何によって触発されたのかなど時代背景も含めて考察。

②人々に「夢や楽しさ、生活に潤い」を与えたかという軸。

③それがいかに多くの人々に好感を持って受け入れられたかを示すいわゆる「販売台数」の軸。

④自動車の未来のために「技術的な挑戦」がなされたかを評価する軸。

⑤これらのユニークなコンセプトや技術が、他の「自動車メーカーに影響」を及ぼしたかを評価する軸。

もくじ

二の章　誰もが認める名機たち

三の章　経験は人生の糧

四の章　鮮やかな青春の残像

序の章
俺の100台

作り手の心を感じるマシーン100選

四輪車部門

1　良心が見える　**シトロエン2CV**（1948～1990）
2　「軽」が勉強すべき哲学の　**ミニ**（1959～2000）
3　世界の国民車　**フォルクスワーゲン・ビートル**（1938～1978）
4　VWより進歩した　**ルノー4CV**（1947～1961）
5　今でも通用するエコカー　**BMWイセッタ**（1955～1962）
6　ジアコーサの答え、6人乗りの　**フィアット600ムルティプラ**（1955～1969）
7　世界から愛されたイタリアの下駄　**フィアット500**（1957～1975）
8　アメリカを作った　**フォード・モデルT**（1908～1927）
9　クルマの原型を作った　**プジョー・ベベ**（1913～1916）
10　クルマの原点、安くて丈夫な　**オースティン・セヴン**（1922～1939）
11　イタリアの気品と技術が輝く　**ランチア・ラムダ**（1922～1931）
12　クルマの芸術　**ブガッティ・タイプ35**（1926～1930）
13　究極のアール・デコ　**ヴォアザン・ラボラトワール**（1923）
14　行動原理に基づいた　**オースティンFX4ロンドン・タクシー**（1958～1997）
15　50年間、いまだに超えられない　**シトロエンHバン**（1947～1981）

16 痛快な実用性　**メルセデス・ベンツ・トランスポーター310D**
17 フロントヘビーな　**ウィリス・ジープ**（1941～1945）
18 根源的な美しさ　**ランドローバー・シリーズI**（1948～1951）
19 新たなジャンルを作った　**レンジローバー**（1970～1996）
20 先進技術で人を優しく包む　**シトロエンDS**（1955～1965）
21 銀幕の愛を髣髴させる　**シトロエンC6**（2007～　）
22 ボロでも人を誘惑する色気　**ジャガー・マークII**（1959～1969）
23 枯れた腹八分の世界　**ローバー2000TC**（1963～1976）
24 熱い血潮の　**アルファ・ロメオ・ジュリア・スプリントGT**（1963～1966）
25 今でも速い　**BMW2002**（1968～1975）
26 ラリーの名車　**サーブ92**（1950～1955）
27 いつの時代もベンチマーク　**フォルクスワーゲン・ゴルフ**（1974～　）
28 ジウジアーロの面目躍如　**フィアット・パンダ**（1980～1999）
29 安くても大らかな　**ルノー・キャトル**（1961～1971）
30 気持ちが若返る　**ルノー・メガーヌ**（2002～2008）
31 世界の技術屋の眼を覚まさせた　**アウディ・クワトロ**（1980～1991）
32 転身の契機となった　**ジャガーCタイプ**（1951～1953）

GOLF

SAVANNA
RX-7

●二輪車部門

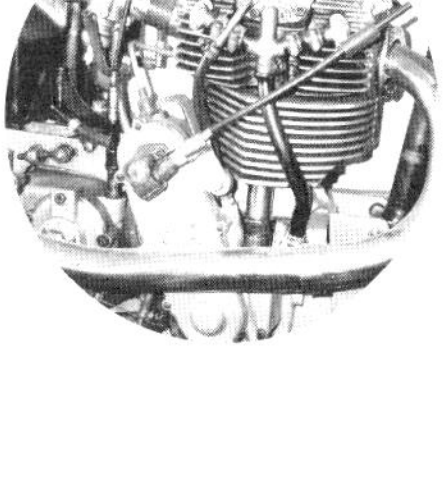

18

一の章
思い出はいつも家族と共に

良心が見える
シトロエン2CV

CITROËN 2CV：フランス製／1948〜1990年
【1949年式】①3780×1480×1600mm ②2400mm ③1260mm ④495kg ⑤空冷水平対向2気筒OHV ⑥375cc ⑦62.0×62.0mm ⑧6.2：1 ⑨9ps／3500rpm ⑩2mkg／2000rpm ⑪4段MT ⑫リーディングアーム＋コイル／トレーリングアーム＋コイル ⑬ラック・ピニオン ⑭ドラム ⑯65km/h
延べ生産台数：386万8634台

その昔、我が家に2CVがあった。道路に置きざらしにしてあったため、かなり薄汚れてはいたが、ブリキ細工のような2CVは、戦後間もない東京の街にどこか溶け込んで見えた。もともと汚れが目立たない艶消しのグレーが標準色だったからだ。クルマが高嶺の花だった時代に、掃除をしなくてもいいというシトロエンのコンセプトにいたく共感したものだった。

この2CVは初期型で、375ccのわずか9馬力。フラットツインの上には、バイクのようなちっぽけなキャブが付き、鉛筆のような細く長い吸気管が左右に延びていた。それでもトコトコ走る。車重が「軽」の半分しかないからだ。

メーターはフックでインストルメントパネルに掛けられ、シートはパイプにゴム紐をグルグル巻いたボンボンベッドだ。このシートは簡単に外れ、ピクニックに使える。外すとペダルからトランクまで真っ平らで、さらに4枚のドア

【凡例】①全長×全幅×全高 ②ホイールベース ③トレッド ④車重 ⑤エンジン形式 ⑥総排気量 ⑦ボア×ストローク ⑧圧縮比 ⑨最高出力 ⑩最大トルク ⑪変速機 ⑫サスペンション形式 ⑬ステアリング形式 ⑭ブレーキ ⑮タイア ⑯最高速度 ⑰価格

も外せるため何でも積めてしまう。

サスペンションは前後を連結し、象の鼻のような長いアームの先にタイアが付いている。ジャッキアップしてもその鼻が垂れ下がってタイアが地面から離れない。そんなこともあって、このちっぽけなクルマの乗り心地は、どんな高級車よりも優れていた。

サービス性も素晴らしくバイク並みだ。エンジンの脱着は、ボルトを数本外して抱え上げればいい。シリンダーも4本のボルト留めだから簡単に外してボーリングに出せる。しかしエンジンを下ろした姿は、粗大ゴミのように見えた。

このユニークなクルマは、シトロエンの副社長ピエール・ブーランジェによって誕生した。彼が休暇を取ってフランスの農村を旅した時、農民が手押し車に農作物を山積みし、悪路を押している姿を目にした。その時に農民のための真のクルマを作らなければならないという義務

感に駆られたという。

彼は社に帰るや、「こうもり傘に4つのタイアを付けたものを作れ」と発し、次に「ふたりの大人と50kgのじゃがいもを積んでも60km／hで走れること。燃費は20km／ℓ。悪路でも卵が割れない乗り心地で、女性にも楽に運転できること。しかも価格は今の3分の1で作れ」と指示した。1935年秋のことだ。

テスト用に作られた250台のプロトタイプは、まさに「こうもり傘にタイア」という簡素なものだった。いや簡素というよりも、哲学が凝縮された究極の姿に見えた。ところが皮肉なことに、時を同じくして第二次世界大戦が勃発。秘密を守るため、完成したプロトタイプ1台を残し、他はすべて焼却処分せざるを得なかった。開発陣は残った1台で密かに作業を進め、終戦から3年後の1948年、パリ・サロンにデビューさせた。費やした時間はなんと13年間だ。

しかし販売は当初、その外観から「ブリキ小屋」だ、やれ「醜いアヒル」だと言われ、評判は芳しくなかった。ところが次第に群を抜いた実用性が評され始めると、ユニークなスタイルは世界中から愛され、その結果、生産は90年（ポルトガル）までの42年間も続き、延べ台数は386万台にも達した。

名車は「作り手の良心」と技術に長けた人物によって生まれる最たる例だと言える。マーケティング中心のモノ作りでは、決して人の心を打つモノは生まれないのだ。

ところで我が家の2CVは、走行中にドライブシャフトが折れてしまった。おそらくホイールストロークを確保したため、ジョイントの折角が不足していたのだろう。そこでシャフトを針金でフレームに括りつけ、一輪駆動でコトコト帰ったことがある。そんなことがあっても2CVは間違いなく愛すべきクルマの一台である。

今でも通用するエコカー
BMW イセッタ

BMW ISETTA：イタリア＋ドイツ製／1955〜1962年
【1960年式】①2285×1380×1340mm　②1500mm
③1200／520mm（ディファレンシャルギアなし）　④340kg
⑤R25（バイク用）空冷単気筒OHV　⑥295cc　⑦72.0×73.0mm　⑧7.0：1
⑨13hp／5200rpm　⑩1.9mkg／4600rpm　⑪4段MT（チェーン駆動）
⑫スウィングアーム＋ラバー／リジッド　⑭ドラム　⑮3.00-10　⑯85km/h

この写真を見せて最新型のEVコミューターだと説明したら、誰もが納得するだろう。まさに今、市場が求めているコミューターそのもので、もしこれに手頃な価格を付けて発売したら大ヒット間違いなしだ。

ところがこのクルマは、今から50年も前にイタリアで誕生した。もともとは雨露をしのぐキャビン・スクーターという発想で生まれたものだと思うが、クルマの概念を大きく変えたものだった。この素晴らしい発想とスタイリングは、いかにもイタリアらしく、機能的でありながらキュートである。

その昔、我が家にオンボロのイセッタがあった。あまりにボロで滅多に走ることはなかったが、憎めないユニークなクルマだった。1枚しかないフロントのドアを開けると、ステアリングホイールも一緒に付いてくる。そこに頭から入って2人用のベンチシートに座ると、横には

ＢＭＷのバイク用２５０ccエンジンが収まっている。バイクと違うのは強制空冷のファンが付いていることくらいで、出力は12馬力。単気筒のパタパタという音とともに、そこそこの走りっぷりを見せた。

なにしろ全長が２２８５㎜しかないのだから、１台の駐車スペースに２台が収まり、正面のドアから出入りができる。しかもピラーがほとんどなく、３６０度、アクリルのウィンドーに囲まれているため視界も良く、見た目ほど狭くは感じない。

このイセッタはドイツの混乱期にイタリアのイソ社で生まれたものだ。ご存じのようにドイツは終戦後、米、英、仏、ソ連の４ヵ国によって分割され、ソ連が統治した領土が東ドイツ、それ以外が西ドイツとなった。国民も分断され、ＢＭＷ社も東と西に分かれた。さらに連合軍は図面や設備を接収したため、ＢＭＷは鍋や釜を

作って生計を立てなければならなかった。

そんななか、社長に就任したクルト・ドナートは復活を賭けて250ccのバイク用エンジンR24を開発させた。続けて四輪車市場へ向けて、600ccのフラットツインを積んだ311も作らせた。しかし販売部門の責任者ハンス・グヴェニッヒは、高級大型車路線を強く推し、社長を説得してメルセデスの300SLに対抗するV8の507を作らせた。それは国民の手が届くものではなく、結局は販売不振に陥り、経営は火の車となった。

そんな時(1954年)、四輪開発部門のエベルハルト・ヴォルフはジュネーヴ・ショーで奇妙な格好をしたイセッタを目にした。さっそくイタリアのイソ社にライセンス生産を打診すると、幸運にも生産設備も一緒に譲り受けることができた。エンジンを騒々しい2サイクルから、4サイクルのR25に替え、ライトのデザインを変更して翌年から販売を開始する。

結果は予想を大きく上回り、BMWはこのイセッタによって蘇ったのである。その後、300ccのエンジンを追加したり種々の改善を行なったが、ドイツ国民の生活レベルが、それを越えるほどとなったため、販売は57年をピークに下降をたどった。

その後、BMWはノイエ・クラッセ(P.99「ブルーバード」の項を参照)と呼ばれるBMW1500(3シリーズの前身)が出る1961年まで、社の方針が定まらず、一時は倒産の噂まで流れた。そんななかにおいても一個人の努力でイセッタが生まれ、社を立て直すことができたのだ。ここに共感を覚える。

話を戻し、今、あらためてこのイセッタを見ると、実に新鮮に映り、まさにエコなクルマだといえる。このままEVに改造してコミューターとして使いたいと思うほどだ。

行動原理に基づいた

オースティンFX4 ロンドン・タクシー

AUSTIN FX-4 LONDON TAXI：イギリス製／1958～1997年（1970年型を愛用）
【1970年式】①4570×1740×1770mm　②2810mm　③1420／1420mm
④1500kg（F：790／R：710kg）　⑤オリジナル：BMC製ディーゼル　⑥2178cc
⑦82.55×101.6mm　⑧20.0：1　⑨55ps／3500rpm　⑩12.3mkg／2800rpm
（換装：⑤いすゞ製　⑥1995cc　⑨66ps／4500rpm　⑩12.7mkg／2500rpm）
⑪4段AT　⑫ダブルウィッシュボーン＋コイル／リジッドアクスル＋リーフスプリング　⑮5.75-16（175/80R16）

ロンドンタクシーほど日々の使い勝手がよく合理的なクルマはない。なにしろ大人7人が乗れ、室内はシルクハットを被ったまま座る設計のため天井が高い。秀逸なのは回転半径が4・9mと小さく、昔のオート三輪のように狭い裏路地でもスイスイ曲がれることだ。皮肉なことに私がこのクルマを手に入れた頃、マツダは4WSによって回転半径が小さいことを宣伝しており、なんとも複雑な気分だった。

FX4を運転して気持ちがいいのは、アイポイントが地上から160cmに設定してあるためだ。160cmというのは普段立っている時の目の高さで、この目線でモノを見ることが安全であると考え、20cm近くも上下するシートリフターが付いている。

実際にロンドンでタクシーに乗ると、料金は降りてから払うため、運転手と目線が同じになる。これもなかなかいい。考えてみるとFX4は、何十年も前から人の行動原理に沿った考え方で作られていた。

それからというもの私自身、クルマの設計段階で行動原理に則した構造にすべきと唱えてきた。例えばスポーツカーのドアキー位置を低くすると、自然に頭を下げ腰をかがめてドアを開けることになる。キーの位置ひとつで、シートに座るまでの一連の動作を作ることができるのだ。降りる際もインナーハンドルが手前にあると、上半身をひねってドアを開けなければならない。すると自然に目線が後ろへ向き、安全を確認してドアを開けることになる。

これに気がついたのは、父親が後席のドアを開けた瞬間、そこに自転車が突っ込んできた時だった。幸い双方に怪我はなかったが、この時に生まれたアイデアだ。こういった行動原理に基づいた考え方が安全の原点で、ＦＸ４の目線の高さも同様である。それ以外にも室内にはサ

イドシルやトンネルがない。そのため身体の動きが自然である。

もともとこのクルマは、老舗〈ジョニーウォーカー〉の総輸入元コールドベック社がPR用にイギリスから取り寄せたもので、素晴らしい状態だった。それが巡り巡って私のところに来た時には、エンジンがダメになり、いすゞ製のディーゼルとATが載せられ、ぐちゃぐちゃの状態。ボディの塗装はひび割れ、フロアには穴まで開く末期症状だった。

エンジンは噴射ポンプと配管を作り替えることによって、本来の性能を発揮した。BMC製2・2ℓディーゼルに対して、いすゞの2・0ℓは11psアップの66ps。トルクは下がったが、最大の効果はエンジンが軽いため、動きが軽快になったことだ。もちろん車高が上がったぶんバネを切って調整した。

日々の足として使えるように手間ひま掛けて、ブレーキなどの機能部品を整備し、遮音材も入れて静かにした。同時に上質なリムジンにしようと、シートをベージュのモケットに、フロアマットは真紅の赤に張り替え、前席と後席を仕切るパーティションのガラスには木枠をはめ込んだ。外装はトロンとしたワインレッドにして、細いゴールドのラインを入れると、小山のような大きさも手伝い立派なリムジンに変身した。

苦労したのは改造申請で、プロペラシャフトの強度計算など数十ページにわたる資料を作り陸運事務所に6回も通い、やっとナンバーを付けた。ところが喜んだのもつかの間、繁華街で信号待ちをしていると、道行く人が有名人でも乗っているかと思い、後席の女房をのぞき込むのだ。家内は顔を隠すものだから、ますます人が増え、その時の私はどう見ても運転手だった。それからというもの女房は二度と乗らなくなり、精魂込めたリムジンも結局使わずじまいとなった。

痛快な実用性

メルセデス・ベンツ トランスポーター 310D

MERCEDES BENZ 310D：ドイツ製
【1990年式】①5235×1975×2550mm ②3350mm ③1600／1610mm ④1920kg ⑤水冷直列5気筒SOHC／ディーゼル ⑥2874cc ⑦89.0×92.4mm ⑨95ps／3800rpm ⑩19.5mkg／2400～2600rpm ⑪5段MT ⑫リジッドアクスル＋リーフスプリング ⑬ボール循環式 ⑮215R14C

私がバイクのトランスポーターに使っているのが、このメルセデス・ベンツの310Dバンだ。このクルマにはドイツ人の徹底した合理性が貫かれ、その潔さが痛快なほど気持ちいい。日本では救急車に使われている大きい奴で、バイク4台と8人の移動が可能である。室内高は1860㎜もあるから車内は歩き回れ、着替えや整備もできる。これが本当のウォークスルーバンだと思った。しかも燃費は10㎞／ℓにも達するから、合理性は天下一品である。ちなみにサイズは5260×1960×2500㎜（車検証値）で、エンジンはEクラスに使っている5気筒の2・9ℓディーゼルだ。

この5気筒を鼻ぺちゃなノーズの中に押し込んでいるため、一見、FFのように見えるがFRだ。前車軸の上にエンジンを置き、キャビン側に張り出した上をトレイにしている。このトレイもなかなか使い勝手がいい。日本車でこのレイアウトができないのは、全幅が広がってしまうためで、運転席の下にエンジンを置いている。そのためウォークスルーにならない。

　私はこれにバイクや工具を満載し、広島からツクバやフジを往復している。最高速度は１２０km／ｈしか出ないが、運転していると気持ち良く、広島を過ぎても、そのまま九州までも行ってしまおうかと思うほど疲れを覚えない。それはレカロのシートによるところも大きいが、乗り心地がフラットでファームであるからだ。フル積載してもピッチングやバウンシングがなく、しっかりした乗り味である。さらにフロントウィンドーの位置と大きさが貢献し、インストルメントパネルも機能だけの造形が気持ち良い。普段、気にもかけないフロントウィンドーの効果は、「初代ＦＦファミリア」の項（Ｐ・１１１）で記しているとおりだ。

　しかし欠点もあって、高速道路でドカーンと

大きな音を立ててタイアがバーストすることがしばしばだ。タイアが破れ、フェンダーをバタバタたたく。ホイールベースが長いため、ふらついて危険なことはないが、路肩でタイア交換することが危ない。原因はタイアの許容荷重ギリギリのところを使っているためで、タイアが古くなるとバーストを起こす。新品に組み替え空気圧を6キロまで高めたら収まったが、聞いてみると救急車も頻繁に起こるらしい。

　ところで知人が乗っている新型のTNは、310Dからさらに進化し、空気抵抗を大幅に減らしたボディと、1・9ℓディーゼル・ターボを組み合わせ、160km/hの巡航を可能とし、燃費も10km/hを超すと言っていた。

　ご存知のとおり、燃費の良いディーゼル車のシェアは、日本ではわずか6%に過ぎないが、全欧では40%に達している。多いところではオーストリア62%、ベルギー57%、スペイン54%、フランス49%だ。

　それは日本と欧州でディーゼルに対する見解が異なるためだ。彼らは真っ黒い煤が出ないように軽油に含まれる硫黄分を減らし、酸性雨の原因になっているNO_Xはエンジンと触媒で対応している。そのためCO_2の少ないディーゼルが環境に良いとされる。いっぽう、日本では行政の対応が遅れているため、ディーゼルは悪の根源とされている。それは『愛されるクルマの条件』（二玄社）に記したとおりだ。

　合理性の塊のような310Dは、シトロエンのH《アッシュ》バンに対するメルセデスの回答のように思う。Hバンは2CVと同じ1948年に誕生。それから50年が過ぎたが、いまだにこれを超えるクルマが出ないのは残念である。日本にも、こういった痛快なほど徹底した合理性と気持ち良さを両立させたバンが欲しいと、常々思う。

枯れた腹八分の世界

ローバー 2000TC

ROVER 2000TC：イギリス製／1963（2000。2000TC は1965年）～1976年
＊注：所有車はTC（ツインキャブ）ではなく、SC（シングルキャブ）。
【日本仕様】①4530×1630×1390mm　②2630mm　③1350／1330mm
④1280kg　⑤直列4気筒SOHC／SU-HD8型キャブレター　⑥1978cc
⑦85.7×85.7mm　⑧9.0：1　⑨114hp／5500rpm　⑩17.3mkg／3500rpm
⑫水平トップスプリングによるボトムリンク／ドディオン＋コイル
⑭ディスク（R：インボード）⑮165R14（ピレリ・チンチュラート）　⑯180km/h
⑰256万円（英国でもトライアンフ2000の上位クラスとして高価格）

生涯を共にしたいと思うクルマはいくつかあるが、その中でジャガー・マークⅡと拮抗しているのがローバー2000TCだ。いや拮抗というよりは対称的な存在である。ローバー社は技術的な挑戦を常に行ない、クルマのあるべき姿を模索していた。例えば2000TCでは米国の安全基準が発表される遥か前に安全対策を施し、排気ガスのクリーンなエンジンを開発。ここに技術屋の良心を感じる。サスペンションも凝った構造を採用し、ボディは骨格をしっかり作り、フェンダーなどの蓋モノは、DSのようにボルトアップにするなど先進的であった。ちなみにボンネットとトランクはアルミ製だ。

しかし、技術開発に力を注ぎ過ぎた感もある。例えば、戦前にはジェットエンジンを独自開発し、戦後、その技術力を生かした世界最初のガスタービンエンジンを作った。これをクルマに搭載し1961年のルマンに出場。ローバーB

RMチームは、正式出場とは認められなかったが、総合7位という快挙を成し遂げた。この活動に世界中が注目し、アメリカのビッグ3は無論、ルノー、フィアットまでもガスタービンの開発を行なったほどだ。成功した技術例としては、強力な走破性を誇る四駆システムを構築、以降ディフェンダーやレンジローバーに展開し世界一の性能を誇る。

技術力に特化した一方で、ローバーはもっとも英国車らしい側面を持っている。英国車にはオースティンからベントレーまで「枯れた腹八分の良さ」があり、これをより感じさせてくれるのがローバーである。マークIIのような華やいだところはなく、気品に満ち控えめで、質素である。また上質な材料で丁寧に作り込まれている。これはサスペンションなどの機能部品も同様で、ここがジャガーとの最大の違いだ。

その良さは雑踏の中でパワーウィンドーを閉

めた瞬間に「いいなー」と声を漏らすほどだ。おそらく物理的な音圧では日本車のほうが静かであろうが、しっとりした佇まいのなかで、厚いガラスが滑らかに動き、雑踏がスーッと消える。その瞬間に贅沢な気持ちに浸る。ローバーがスモール・ロールスと呼ばれる所以はここにある。こんなことで横の女性が淑女に見えたりもする。

ところがこの良さは、当時、小学生だった息子には理解不可能だったようで、クルマで出掛けようと言うと、喜ぶどころか泣き叫ぶ始末だった。どうも薄暗いインテリアと黒革のシートが怖かったのだろう。それより大きな問題は、あまりに非力で、ちょっとした坂でも登れないことだった。うっかり急勾配の駐車場に停めようものなら出られなくなってしまう。

以前、家族で海水浴に出掛けた時もそうだった。そろそろ陽も落ちたので帰ろうとしたら、砂浜からの道が登れないのだ。下からスピードをつけてもATがストールし途中で止まってしまう。仕方なくバックで細く入り組んだ坂道を何回もアタックして辛うじて登りきった。その時にはすっかり陽が落ち、ここでも子供に泣かれてしまった。

ちなみにローバー2000を購入したきっかけは、小林彰太郎さんの「いいクルマですよ」のひと言だった。もちろん『CG』に書かれた長期リポートの影響もあるが。実際に長期間愛用して感じたのは、家族の一員のような親しみがわき、一生ともに暮らしたいと思わせる魅力が備わっていることだ。

日本車は機能・性能では一流だが、こういった「枯れた腹八分の世界」や「華やいだ世界」を創り出すことができない。やはりモノは企業文化の上に生まれるものであって、「ローマは一日にして成らず」であるのだろう。

やっぱりいつかは
トヨペット・クラウン

TOYOPET CROWN：日本製／1955〜1962年
【1955年式RS】①4285×1680×1525mm ②2530mm ③1326mm／1370mm ④1210kg ⑤直列4気筒OHV ⑥1453cc ⑧6.8：1 ⑨48hp／4000rpm ⑩10mkg／2400rpm ⑪3段MT ⑫ダブルウィッシュボーン＋コイル／リジッド＋リーフスプリング ⑬ボール循環式 ⑭ドラム ⑮6.40-15 ⑯100km/h ⑰101.5万円 ＊トヨグライド（2段AT）は1960年10月に追加。

1950年代といえば、日本中がテレビや映画で見るアメリカに憧れていた。白い冷蔵庫や電気掃除機を手に入れることによって、青い芝生と大きな家、そんな明るく幸せな生活が送れると思っていた。特にテールフィンを高々と掲げたアメリカ車には、バラ色の夢が満載されているように映ったのだ。そのためかアメリカ車のシェアは、なんと60％もあった。おかしなことだが、我々はついさっきまで鬼畜米英と罵《のの》しり、戦争していた敵対国に憧れてしまったのだ。

そんな時代に日本の最高級車トヨペット・クラウンRSが誕生した。幅を利かせていたアメリカ車とは違い、黒塗りのクラウンは、どこか日本的な品位を漂わせていた。社内でデザインされ、車名を「クラウン＝王冠」としたことからも作り手の想いが伝わってくる。

エンジンは53年にトヨペット・スーパーとして先行発売したOHVの1453cc／48馬力で、

4000rpmしか回らなかった。馬力当りの重量は25kgもあり、当時としてもあまり走るほうではなく、最高速度も100km／hだった。

4285×1680×1525mmのダルマ型のボディには観音開きのドアが付き、フロアはサイドシルがないためフラットだ。平らな床はなかなかいいもので、乗り降りがしやすいだけでなく、掃除も簡単だった。これは今までのトラック用シャシーではなく、低床シャシーを開発したため実現した構造である。リアサスペンションも東京大学・亘理《わたり》厚《あつし》教授の研究成果を活かし、フリクションの少ない3枚リーフを採用。その効果か、乗り心地はリーフとは思えないほど快適で、シートもふんわりしていた。

グレーと茶系の内装は、控えめで質素な雰囲気を醸し出し、派手なアメリカ車とは違い、乗る人に安心感を与えてくれた。ドアが観音開きのため両親は頭から乗り込んでいたが、なぜか

気に入っていた様子だった。発表の翌年には真空管式カーラジオとヒーターが備わったクラウン・デラックスが登場。クルマでラジオが聞けるようになったのだ。

この初代クラウンも豪州ラリーに挑戦し見事完走。47位である。この時からトヨタのモータースポーツ史が始まった。1957年のことである。この時代はクルマができると、すぐにレースやラリーに挑戦し、自分が作ったものがいかに速く丈夫であるかを示そうとした。これが技術屋の本来の姿である。

また、この年にトヨタとして初めての対米輸出を行なった。ところが1500ccの48馬力ではハイウェイのランプですら満足に登れず、すぐに1900ccを投入したが、今度は電気系の問題が発生し、3年後には撤退せざるを得なかった。

この初代クラウンからすでに半世紀が過ぎ、新型ゼロ・クラウンで13代目を迎える。「いつかはクラウン」と親父が頑張っていたら、先に息子が買ってしまったという、時代を表わした言葉が生まれたように、クラウンは常に日本人の心を捉えている。

この国内優先のクラウンが今や世界の頂点に立っている。なにしろ世界最高位の品質と性能を持ち、クラウンほどバリュー・フォー・マネーの高いクルマはない。それでいて家族とのんびりしたい時には、静かに大らかに振る舞い、ひとたび鞭を入れると、V6は高性能なビートを響かせ猛ダッシュする。直噴エンジンには、従来にない緻密な燃焼を感じ、トルクフルでいて燃費もいい。クラウンは合理的で賢いだけでなく、乗る人に安心感を与えてくれる。控えめでしっとりした心地よさには、54年間もの熟成があり、この淑《しと》やかさこそが日本的な情緒で、世界に誇れる良さである。

国民車の代表
スバル360

SUBARU 360：日本製／1958～1970年
【1958年式】①2990×1300×1380mm ②1800mm ③1140／1060mm ④385kg ⑤強制空冷直列2気筒／2サイクル ⑥356cc ⑦61.5×60.0mm ⑧6.5：1 ⑨16hp／4500rpm ⑩3.0mkg／3000rpm ⑪3段MT ⑫トレーリングアーム＋コイル／スウィングアクスル＋トーションバー ⑭ドラム ⑮4.50-10 ⑯83km/h ⑰42万5000円 延べ生産台数：39万2016台

全長が3mに満たない愛くるしいスバル360は、家族4人を乗せ、10インチのちっぽけなタイアをグルグル回し、元気よく走り回っていた。その姿は幸せな家族の象徴のようでもあった。

後ろに積んだ空冷2サイクルはわずか16馬力だが、走りっぷりは排気音と同様に軽快だった。車重が競合車の540kgに対して385kgしかなかったからだ。それはタマゴの殻のように薄い鉄板（0・6t）のモノコックだったからで、巷では「さすが飛行機屋のクルマだ」と高く評価していた。ちなみに車重は今の軽自動車の3分の1である。もちろん今の〝軽〟が重いのは小型車と同じ衝突基準をクリアしているためだ。

乗り心地も秀逸で、電車道でもスウィングアクスルとトーションバーの組み合わせはしなやかだった。ところがこのサスペンションが災いして、コーナーでちょっと無理をすると、もんどり打って転倒することがあった。グラスファイバーの天井が外れ、そこから這い出してクルマを起こし、何ごともなかったようにまた走る。そのため我が家のスバルは傷だらけだった。だからといって目くじらを立てて、ディーラーに文句を言うわけでもなかった。

開発初期には「FFにすべき」という意見もあり、かなり議論したようだが、まだ等速ジョイントの技術が確立されておらずRRに決定。また2CVやフィアット600、ロイトなどを勉強こそしたが、他車のマネは一切しなかったという。

デザイン担当の佐々木達三（社外）も一切の先入観を持たないことを大切にし、他車を見ず、自らが運転してその実感からデザインした。スケッチは描かず5分の1の木型に粘土を盛り、次に実寸大まで拡大した。このスケッチを描かないやり方はガンディーニも同様である。デザインテーマは「飽きがこない、無駄がない、ユ

ニーク」。その狙いは今もクルマから伝わってくる。この一切、他車のマネをせずというのが、いかにもスバルらしい。こういったところに好感を持つ。

富士重工業の前身は、軍用機製造の中島飛行機。戦前は25万人もの従業員を抱える大企業だった。中島飛行機は海軍技術将校の中島知久平が設立し、ゼロ戦のエンジン、栄《さかえ》や隼《はやぶさ》、疾風《はやて》などを生産した。ところが敗戦と同時にGHQより解体を命ぜられ12社に分割した。その中の5社が再結集し、53年に誕生したのが富士重工業である。その経営を支えたのがスクーターのラビットだった。

戦後、技術の頂点を極めた軍用機の開発者たちは、トヨタ、日産、マツダに散り、日本の自動車技術を一気に世界レベルへと押し上げた。無論、その裏には彼らに続く多くの技術屋がいたことは言うまでもない。日本の自動車技術が短期間に成長したのは、このような背景があったからだ。その後、時代は大きく流れ、ユニークな技術を展開した富士重工業は大株主が、いすゞ、日産、GM、そしてトヨタへと変わった。

ところでスバル360の価格は、当時（1958年）、給料が良いと言われた公務員の初任年俸に相当する42万5000円もした。やはり一般市民には高嶺の花で、販売はわずか月335台。それがうなぎ登りに上昇し、2年後には20倍の6000台、4年後には月に1万台も売れまくった。まさに日本のモータリーゼーションの発展を体現している。その後も70年までの12年間販売され、うち10年間にわたって軽自動車販売台数ナンバーワンを誇った。

ユニークなスバル360は、VWビートルの「かぶと虫」に対して「てんとう虫」のニックネームで親しまれ、この時代の国民的アイドルだったのだ。

新技術満載の
マツダR360クーペ

MAZDA R360 COUPE：日本製／1960〜1969年
【1960年式】①2980×1290×1290mm　②1760mm　③1040／1100mm
④380kg　⑤強制空冷90度V型2気筒／4サイクル　⑥356cc　⑦60.0×63.0mm
⑧8.0：1　⑨16ps／5300rpm　⑩2.2mkg／4000rpm　⑪4段MT／2段AT
⑫トレーリングアーム＋トーションラバースプリング　⑬ラック・ピニオン
⑭アルフィンドラム　⑮4.80-10　⑯90km/h／85km/h　⑰30万円
延べ生産台数：6万5737台

もう40年以上も前のことだが、伊豆の長岡でヒルクライムレースが行なわれていた。茶畑の中のうねった坂道を下から駆け上がって、1台ずつタイムを競うのだ。その日は好天に恵まれ、コースの両脇は多くのギャラリーで埋まっていた。参加車両は英国製のスポーツカーが大半で、ジャガーのXK120などが車体を軋ませ、内側の後輪を空転させながら登っていく。なかでもMG－TF1500は、軽い車体と広いトレッドが功を奏してベストタイムを出していた。

そのレースを兄貴とマツダのR360クーペで見に行った。ちっちゃなキャビンに大きな頭がふたつ並んで、ギャラリーの中を登るのだ。わずか16ps、トルク2・2mkgの非力なクーペは、エンジンを全開にしてもスピードがだんだん落ちていく。コースの内側は急勾配なので外端の緩いところを登るが、それでもスピードは下がり、ついに止まってしまった。高校生だった私は助手席から飛び降りて、押しながらなんとか頂上までたどり着いた。というのも駐車場がコースの上にあったからだが、大恥をかいての登場となった。

スバル360の発売から2年後の1960年、東洋工業（今のマツダ）は、新技術を満載したR360クーペを発表した。エンジンは他車が2サイクルのなか、Vツインの4サイクルを採用。驚くことにオイルパン、クラッチハウジング、トランスアクスルケースにマグネシウム合金を採用したのだ。もちろん軽量化のためだが、東洋工業は鋳造技術に長けていたため、それ以外にも多くの部品を精密鋳造で作り、信頼性の高いエンジンとギアボックスを製作していた。

新技術は種々投入され、トランスミッションは2段ギア付きトルコンとマニュアルギアボックス4段のいずれかが選べ、ブレーキにはアルフィンドラムを採用した。サスペンションはナ

イトハルト式というトーションラバーによるトレーリングアームの独立懸架である。茶筒ぐらいの外筒をボディに固定し、中央のシャフトにスウィングアームを取り付け、ゴムの捩じれをバネとする構造である。シンプルで乗り心地も良かったが、ある時、外筒とラバーの接着が外れ、ボディが底付きしてしまった。右後輪だったため、助手席にお尻をずらし運転してもタイアはフェンダーをこすり、溶けてしまった。新技術には不具合が付きものだ。

ボディにも新技術が投入され、ユニット構造といわれるモノコックには、アルミのボンネットとエンジンフードが付き、ウィンドーはアクリルだった。さらにはシートフレームにもアルミが使われていた。この徹底した軽量化により車両重量はスバル360と同等の380kgである。ちなみにスリーサイズは2980×1290×1290㎜で、今の軽自動車より420㎜短く190㎜も狭い。この完成度の高いデザインを担当したのが小杉二郎（1915～1981年）で、どこか彼がデザインした三輪トラックとの共通点を感じる。

また東洋工業が頑張った点は、新技術を投入しながらスバルより12万5000円も安い30万円という低価格で販売したことだ。中堅サラリーマンの月収が5万円前後だったから6ヵ月分の給与となり、クルマは高嶺の花ではなくなった。R360クーペは新たな購買層を開拓したが、スバル360の対抗馬としては、2＋2のクーペは不利となり、1962年に主力の座をキャロルに譲った。

私がこのクルマを評価するのは、軽量化のために考えられるあらゆる技術を投入した技術屋の心意気を感じるからだ。当時のマツダはロータリー・エンジンの開発といい、技術屋の魂が輝いていた。

高品質のイメージを作った
ヤマハ YA-1

YAMAHA YA-1：日本製／1955～1957年
①1980×660×925mm　②1290mm　④94kg　⑤空冷単気筒／2サイクル
⑥123cc　⑦52.0×58.0mm　⑧6.0：1　⑨5.5ps／5000rpm
⑩0.96mkg／3000rpm　⑪4段リターン（❶1：3.240 ❷1.794 ❸1.292 ❹1.000）
クラッチ：湿式多板　始動：キック　⑫テレスコピック／プランジャー
⑮32.75-19／2.75-19　⑯80km/h　⑰13万8000円　延べ生産台数：1万1088台

今や2サイクルは、排気ガスの問題からレースの世界でも締め出しをくらい、多くが4サイクルに代わってしまった。しかし少し前までは〝2スト〟が全盛で、軽く挙げてもトーハツにミズホ、ホダカ、スズキ、ポインター、メイハツ、ヤマグチ……。当時はブリヂストンもバイクを作っていた。軽自動車もまだ360ccの時代で2サイクルが多く、スバル360にスズライト、フジキャビン、ミカサ・ツーリングなんていうスポーツカーもあった。テレン・テン・テンと軽やかな排気音と、青い煙を吐いていたのだ。ちなみに4サイクルはメグロ、キャブトン、ホスク、モナーク、ライラック、陸王……と続く。

そういったなか、他社より少し遅れはしたが、ヤマハはYA-1を発表した。黒一辺倒の中にワインレッドのカラーが映え、2サイクルの俊敏な加速と軽快なハンドリングから「赤トンボ」の愛称で親しまれた。

かつてヤマハは楽器の技術を活かした精巧な可変ピッチのプロペラを軍に納めていた。終戦後、このプロペラ生産に使用した工作機をいかに活用するかに知恵を絞り、二輪事業を決定した。短期間で成功するには、名車をコピーすることが望ましいと考え、DKWのRT125を手本に選んだ。そして決定からわずか1年間で販売までこぎつけたのだ。

実はこのYA－1と同じバイクは、独・英・日の3ヵ国で作られた。ひとつは元祖DKWであり、2番目はBSAのバンタムである。これは第二次大戦の戦後補償の一部としてドイツが提供したものをBSAが1946年から生産したモデルだ。

ヤマハはDKWをコピーはしたものの、エンジンから塗装に至るまで品質の高さは群を抜いていた。それを示すため発売5ヵ月後の「富士登山オートレース」に出場を決定。開発陣は短

期間にパワーアップしたエンジンを16台も準備し、なんと初出場ながら優勝を遂げ、さらに10位までに7台もが入賞した。続けてその年の11月に行なわれた「第一回浅間高原レース」では10馬力までパワーを上げて、1位から4位までを独占したのだった。

当時のレースは通産省の後援で行なわれ、技術コンテストの意味合いが強かった。またレース結果が即、販売に直結したため、各社は社運を賭けてレースに挑んだ。ヤマハの知名度は一気に上がり、他車より高価格にも関わらず、55年に2272台だった生産台数が翌年には4倍に、翌々年には7倍にも膨れ上がった。

ちなみに戦後初のレースは53年に名古屋で行なわれた「全日本選抜優良軽オートバイ旅行賞パレード」である。この意味不明の名称はマン島の「ツーリスト・トロフィ・レース」を直訳して名づけられたのだから面白い。

ヤマハは創業と同時にレースを開始。国内メーカーとしては戦後初のカタリナGP（57年）を皮切りに、常に高性能・高品質であることを実証した。2008年のMotoGPではロッシによってダブルタイトルを獲得した。四輪の世界でも85年の「F2」、「F3000」、そして90年からは「F1」エンジンのサプライヤーとして116戦を戦い続けた。軽量コンパクトな70度V12 5バルブエンジンは、3・5ℓの排気量から600馬力を絞り出した。

私はYA-1の発表から2年後に中古を手に入れたが、まだ免許証などあるはずがない。それでも世田谷・駒沢の赤土の山を走りまわり、奥多摩へツーリングに行ったりと、無鉄砲なことをしていた。実に大らかな時代で、草ぼうぼうの野っ原だった駒沢は、オリンピック競技場ができるまではバイクの恰好の練習場だったのだ。

オン・オフ両刀使い
BMW R80GS

BMW R80GS：ドイツ製／1980～1987年
①2230×820×1150mm　②173kg　⑤空冷水平対向2気筒OHV／4サイクル
⑥797cc　⑦84.4×70.6mm　⑧8.2：1　⑨50ps／6500rpm　⑫168km/h
⑬片持ちスウィングアーム（モノレバー）　タンク容量：19.5ℓ

馬鹿げて見えるかもしれないが、我々は今でも時折、富士山を須走から頂上目掛けて駆け上がることがある。時代に則していないと言われても、これが実に痛快なのだ。富士山に引き寄せられるのは、学生時代にトーハツ・ランペットで富士登頂に成功し、新聞に掲載されたことがあるためで、ついつい足が向いてしまう。

この時もバイクで富士山を登ってやろうと企て現地に集合すると、ＫＴＭアドベンチャーやヤマハのＷＲ２５０Ｆといったエンデューロレーサーに交じって１台のＢＭＷ　Ｒ80ＧＳが参加していた。誰もが20年以上前の旧いバイクで、しかもこの重さでは無理だろうと思った。ところが、なんとタイアを半分ぐらい火山灰に潜らせ、ぐいぐい登っていくのだ。見るとトラクションの掛かり方が半端ではない。他車がタイアを空転させるのに対し、これほどのトラクションがなぜ掛かるか物理的に理解できないほどだ。

R80GSの車重は、他のBMWより30kg軽い173kgだが、オフロードのマシーンとしては非常に重い。ところが極低速から粘り強いトルクを発生するエンジンと、片持ちのドライブシャフトの駆動で、後輪を空転させずに微妙なトルクを伝達する。そのため高いトラクションを発揮し、かなりの難所も走破してしまう。まさに「GS」の名が示すとおりである。ちなみにGSとはゲレンデ・シュポルトのことで、走る場所を選ばないことを意味する。

考えてみると、かのガストン・ライエがR80GSのワークスマシーンで、パリ－ダカール・ラリーを2連覇（84年／85年）したのだから、高いトラクションを発揮するのは当然のことだった。ワークスモデルはこの80GSをベースに、排気量を980ccまで上げ、出力を50馬力から71馬力に高めている。フレームは別物で、リアサスペンションはノーマルの片持ちからオーソ

ドックスな2本サスに変更、ホワイトパワーのダンパーを採用している。ガソリンタンクは50ℓの容量を持ち、さらにシートの下に10ℓのサブタンクを備えている。こうなると転倒してもひとりでは起こすのは大変なことだ。

　それは別としても、このＧＳで優勝を勝ち取るということは、いかに基本性能が高いかを物語っている。ちなみにパリダカは、ＢＭＷの2連覇を機に高速化に向かい、ヤマハ、ホンダともにハイパワーな2気筒マシーンを投入、マシーンの大型化が進んだ。

　このＧＳも今や１２００ccとなったが、伝統に磨きが掛かり、これほどにオン・オフを両立できるバイクも少ない。先だって、最新型のＲ１２００ＧＳアドベンチャーを借り出し「ＧＳチャレンジ」に出場した。テントと寝袋を縛り付け、高速道路を一気に静岡県の掛川まで下り、そこでキャンプをしながら林道をアタックする。そこにはモトクロスコースも用意されていて、腕さえあれば巨体を揺すぶって果敢に攻めることもできる。コースに合わせてエアサスペンションを固めると、ビッグオフの本領を発揮し、華麗なパワースライドはもちろんのこと、下りのジャンプ台でも豪快にこなすことができる。演じたのは息子のほうだが。

　フラットツインのエンジンは広い横幅と重量から、オフロードでは不利であることは、誰の眼にも明らかだ。ところがＧＳはそれを感じさせず、オン・オフ両刀使いのできる、数少ないバイクである。そこには、創業時の１９２３年から86年間もフラットツインを作り続けた技術屋魂を感じる。その黙々と続けてきた努力に頭が下がる思いだ。

二の章
誰もが認める名機たち

アメリカを作った
フォード・モデルT

FORD MODEL T：アメリカ製／1908～1927年
【1909年式】①3364×1793×1800mm（全長は今の軽よりも短い） ②2540mm
④544.3kg（軽自動車よりも軽い） ⑤水冷直列4気筒SV ⑥2896cc
⑦95.25×101.6mm ⑧4.5：1 ⑨20ps／1800rpm ⑪2段MT（公転式）
⑰850ドル 延べ生産台数：1500万7033台
＊アセチレンガス式ヘッドライトは1910年までオプション装備。金色に輝くのは真鍮製のため。クーペ、タウンカー、セダンなど9種類ものボディが存在。

もうだいぶ前の映画だが、チャップリンの名作『モダンタイムス』をご覧になった方も多いと思う。人間が機械に使われる姿を、ユーモアを交えて表現したもので、ベルトコンベアのスピードにネジ締めが追いつかず、あたふたする姿を笑ったものだった。映画に出てくるコンベア方式はフォーディズム（フォード方式）と呼ばれ、T型フォード生産のために生み出された。

チャップリンの皮肉たっぷりの表現とは裏腹に、創始者ヘンリー・フォードは開拓農民の貧しい子であった。人の痛みがわかる心を持ち、「神から恵まれた大自然の中で、家族全員が楽しい時を過ごせるようにしたい」という想いがあった。このような背景からT型フォードを、一部の富裕層のためのものではなく、農夫や坑夫が履く丈夫で安い靴のようなクルマとすることに生涯を捧げた。

そうは言っても簡単にできるはずもなく、発表当初(1908年)の価格は800ドルを超え、馬車の500ドルを大きく上回った。しかしこの生産方式を採用することによって4年後には600ドルへ、10年後には260ドルへと、馬車の半分の価格を実現したのだ。

コストは組み立て時間に比例するため、いかに努力したかが窺える。人がクルマを取り囲んで組んでいた時は「24時間」も掛かったが、ロープでクルマを引っ張る方式にすると「5時間50分」に。さらにコンベア方式にすると「1時間33分」となり、15分の1にまで短縮した。考えてみると、現在の日本の生産ラインでは1分ごとに完成するから、100年間に組み立て時間を1500分の1にまで縮めたことになる。

ヘンリーは価格以外にも次のコンセプトを掲げた。①馬車より堅牢であること。②馬車と同じように誰にでも運転できること。③アメリカの右側通行に適していること。こういった明確

なコンセプトと論理的な思考展開が成功をもたらしたといえる。

人々は電気や水道よりも、T型フォードに乗ってどこにでも行けるという「自由」と「夢」を求めた。農作物の運搬はもちろんのこと、後輪にベルトを掛けて脱穀機の動力源としても使った。また行動範囲が広がったため、都市部に牛乳や野菜を運び、そこで得た金で洋服などを買って帰った。

その結果、1900世帯に1台だったクルマは、1926年には全世帯の8割もが所有するまでになり、累計台数はなんと1500万7033台（19年間）というとてつもない数となった。単純計算で月当たり7万台だから、今のヒット車種の10倍もの台数を19年間も作り続けたのだ。ちなみにVWビートル：約2140万台、ミニ：約522万台、2CV：約386万台である。

こうなると道路も必然的に整備され、州を結ぶハイウェイが作られ、全米に道路網が完備した。まさにT型フォードによって人々の生活は豊かになり、社会が営まれ、経済が発展したのだ。アメリカはこの1920年代にモータリゼーションが幕開けし、同時に各家庭に電気が引かれ、電気掃除機が50%も普及した。ちなみに日本のモータリゼーションは50年代後半である。

T型フォードは日本（横浜）でも1925年から生産された。またその頃に輸入されたフォード車は6200台／年であった。そのため当時、東京を走るクルマは、5台に1台がフォードだったのだ。

この大量生産システムは、衣類からハンバーグ製造に至るまですべてに浸透し、安価な商品が大量に出回ることとなった。それによって人々は、モノによる恩恵を享受し、幸せを謳歌したのだ。ちなみに第二次大戦で連合軍が勝利したのも、軍事物資をベルトコンベアによって大量に生産できたことも要因のひとつである。

考えてみると、フォーディズムは自由と民主主義を掲げた「アメリカの世紀」を作り出したと言える。今やこのアメリカ型文明が世界中に浸透し、唯物主義を植えつけたのかもしれない。ユーモアに富んだチャップリンは、機械に使われる人間を皮肉たっぷりに演じていたが、大量生産方式が唯物主義や環境問題を引き起こすことまでは予測しえなかったのだろう。

クルマの原型を作った
プジョー・ベベ

PEUGEOT BEBE：フランス製／1913〜1916年
①2620×1500×1620mm（かなり小さい）　②1800mm　④398kg　⑤4気筒SV
⑥855cc　⑦55.0×90.0mm　⑨6ps／2000rpm　⑯60km/h
延べ生産台数：3095台

以前、パリの街中で渋滞にはまったことがある。すると前のクルマがエンコしたらしく、窓から手を出して「押してくれ」と合図してきた。ゆっくり近づき、バンパーを合わせてゆっくり押してやった。するとエンジンは一発で掛かり、エンコした氏は手を振って去っていった。この押し掛けをした相手が確かプジョー104だった。フランスでは駐車スペースを確保するため、バンパーで前後のクルマを押しのけるのは、日常的に目にする当たり前の光景である。

プジョーというと世界の調理人が愛用する「コショー挽き」から「自転車」や『刑事コロンボ』の「403」と結びつける方も多いと思う。それだけではない。世界で最初に自動車を生産し、史上初のレース（1894年のパリ－ルーアン126㎞）で優勝した由緒あるメーカーなのだ。

プジョー家は1810年に冷間圧延工法による鋼鉄造りに成功し、工具やバネなどを製造していた。その頃、英国に留学していたプジョーII世の孫、アルマン・プジョーは、英国の自転車技術に関心を示し、さっそく社に持ち帰り、自転車製造を開始した（1855年）。この優れた自転車は150年以上過ぎた今も作り続けられ、またコショー挽きの刃も同様である。

アルマンはこの自転車製造から4年後の1889年、パリ博覧会にスチームエンジンのクルマを発表。続けてガソリンエンジンを搭載したものを次々に世に出した。なによりの偉業は、現代のクルマの原型を作ったことである。それまでのクルマは馬車のような格好をし、椅子の下にエンジンを置いていた。しかしプジョーは、エンジンを運転席の前方に置き、シートを下げ、チェーンをプロペラシャフトに変えた。さらに操舵棒を丸いステアリングにし、ラック&ピニオンも開発した。

一般的にはダイムラー・ベンツが最初にクル

マを作ったとされているが、クルマの原型を作り、生産したのはプジョーである。しかもプジョーはこの一大作業を、1901年から05年という短い期間に確立したのだ。

戦前、最大のヒット作となったのが、写真のベベである。ベベとは赤ちゃんを意味するが、そのとおり、小さくて可愛いかったため、多くの人々から絶賛を浴びた。このベベはなんとエットーレ・ブガッティが設計したのだった。

フランスはこの時代から小さいクルマを得意とし、なぜか「大きいクルマが高級」というヒエラルキーがないのが面白い（*）。

ところでプジョーは、パリ博覧会で発表した1号車から、この2009年で120年目を迎えた。そこで最新型のクーペ407を借り出し、現在のプジョーを見ることにした。ドアを開けた瞬間、「う～ん！」と唸らせる魅力がある。このクルマは高級クーペという位置づけもあるが、工芸品に近い美しさを放っている。ドイツ車のような堅苦しいところはなく、さりとて女性的なヤワなところもない。大人の気品と色気があるのだ。特にインテリアにそれを感じるが、エクステリアも秀逸で、視線を集めるリアクォーターは、シンプルな造形を面の張りの巧みさで成立させている。走り出しても高品質なフィールは変わらず、高剛性なボディと、緻密な燃焼を感じる3・0ℓV6が奏功している。今回520㎞走行した燃費は8・2㎞／ℓで、最近の基準からするとやや悪い。ちなみに価格は569万円でBMWの325iと同価格だ。

最古のメーカーは今も健在で、今年（09年）のルマンの優勝も含め、ますます気を吐いているのだ。

＊フランス車も1920年から30年にかけてドラージュ、ドライエ、ヴォアザンなどの超高級車の時代があったが、第二次世界大戦の勃発と付加価値税の導入などによって消える運命となった。

「軽」が勉強すべき哲学の ミニ

AUTSTIN SEVEN / MORRIS MINI MINOR：イギリス製／1959～1967年
【1959年式】①3050×1410×1350mm　②2030mm　④600kg
⑤水冷直列4気筒OHV　⑥848cc　⑦62.94×68.26mm　⑧8.3：1
⑨34hp／5500rpm　⑩6.08mkg／2900rpm　⑪4段MT　⑫ウィッシュボーン＋コイル／トレーリングアーム＋コイル　⑬ラック・ピニオン　⑭ドラム　⑮5.20-10
延生産台数：538万7862台

友人とよく出る言葉が「〝軽〟で充分だよね。最近の軽は良くできているし、今さらクルマで格好つけることもないし」である。と言いながら、誰も食指を伸ばそうとしない。それはあまりに今の軽自動車が子供じみているからだ。まるで剃り込み兄ちゃんの顔ではないか。

社会がこれだけ成熟し、一方で軽自動車の規制が解除される可能性がある。その時に今のような軽自動車では、世の中から相手にされなくなる。そこで、ある自動車メーカーに「大人の軽」を作ろうと、話を持ち込んだ。「大人の軽」とは、媚《こび》、諂《へつら》いがなく、作り手の考えに共感できるクルマのことだ。ところが担当の商品企画部門の反応はない。

メーカーとのミーティングの席でも、「軽がみすぼらしく見えるのは、小さいからではなく、作り手の哲学を感じられないからだ。オースティン・ミニは全長がわずか３０５０㎜で軽より

250㎜も短く、全幅は70㎜も狭い。にもかかわらず大人4人がきちんと納まり、しかも存在感がある。小さくても胸を張って乗れるのは、作り手の想いに共感するからだ。小さいことが良いことで、大きく見せようなんていう魂胆がないからこそクルマが大らかなのだ」と檄を飛ばしたことがある。

1959年8月に発表された写真のクルマは、「ADO（Austin Drawing Office）15」というコードネームで開発された。早い話が「オースティン設計事務所の15番」という名称だ。このADO15の「最小の外寸に最大の室内」の思想が、それ以降の小型車に多大な影響をもたらした。

この思想を可能にしたのが画期的なFWD方式である。エンジンのオイルパンの中にギアボックスとディファレンシャルを入れて2階建てにした。さらに10インチの小っちゃなタイアを四隅に置き、スペースを犠牲にしないラバー・

サスペンションを採用した。設計者はご存じ、自転車で有名なアレックス・モールトン博士である。

その結果、広い室内だけでなく低重心と広トレッドにより卓越した運動性能を発揮。そこに着目したジョン・クーパーがミニ・クーパーを誕生させた。チューンナップされたクーパーSは、雪のモンテカルロ・ラリーで3度の優勝を飾り、ラリーでは無敵の存在となった。いや、サーキットでもすこぶる元気で、ワークスはもちろんのこと、多くのクラブマンからも愛され続けた。

それだけではない。ミニというポップカルチャーを世界中に広めたことが高い評価に繋がっている。ミニスカートもそのひとつで、小枝のように細い英国人モデル、ツイッギーによって広まり、ミニは小さくて可愛いというイメージを作り上げた。そして60年代のビートルズと共に英国の新しいイメージを全世界に発信した。

ミニは、オースティン・セヴンとモーリス・ミニ・マイナーというふたつの名で発売され、多くのバリエーションが作られた。スポーツバージョンのクーパー以外にもトラベラーや商用バン、後ろにトランクを付けたサルーン、さらにはピックアップ型のトラック、また開放的なミニ・モークまで楽しいクルマ達が揃っていた。

ちっぽけな寸法にもかかわらず、胸を張って乗れるクルマとして世界中から愛され、単一モデルが41年間も生産された。それは生みの親、アレック・イシゴニスの哲学に共感した人々が多かったからに違いない。ここが日本の〝軽〟との決定的な違いで、このクルマを手に入れると、夢も一緒に付いてくるように思えてしまう。おそらくエリザベス女王もイシゴニスの哲学に共感したのであろう。ご自身の日々の足にミニを使われていたというのだから。

精神的機能美を放つ
アストン・マーティン DB4ザガート

ASTON MARTIN DB4 ZAGATO：イギリス製／1960〜1963年
【1960年式】①4270×1660×1270mm　②2362mm　③1370／1360mm　④1159kg　⑤水冷直列6気筒DOHC ツインプラグ／トリプルウェバー45DCOE／アルミブロック　⑥3670cc　⑦92.0×92.0mm　⑧9.7：1　⑨314hp／6000rpm　⑩38.4mkg／5000rpm　⑪4段MT（❶2.49 ❷1.74 ❸1.25 ❹1.00／クロスレシオ）　⑫ダブルウィッシュボーン＋コイル／リジッドアクスル＋トレーリングリンク　⑬ラック・ピニオン　⑭ディスク（ダンロップ）　⑮6.00-16（エイヴォン・ターボスピード）　⑯245.5km/h（0－400m ＝14.0秒／0－60mph ＝6.4秒）　⑰3750ポンド（税込5470ポンド）　延べ生産台数：19台（GT は94台で、ザガートはその中の19台）
＊ちなみに標準型のGT は3200ポンド、ジャガーXK150クーペは1939ポンド

同じ英国車でもジャガーとは違い、これほど人を寄せ付けないクルマもないだろう。アストンはいつの時代も女、子供はもちろんヤワな男を相手にしない面構えだ。だから我々庶民からすると重苦しいほどの凛々しさを感じる。この精神的機能美は次のような背景から生まれた。

アストン・マーティンはライオネル・マーティンとR・バムフォードのふたりの裕福な青年が、1913年に小さなスピードショップを開設した時に始まった。レース用マシーンの製作に励み、自らが運転し多くのレースに挑んだ。その性能に魅せられたルイズ・ズボロウスキー伯がスポンサーとなり、この時代に4バルブのGPマシーンを製作し、ルマンに勝つことを夢みた。市販車は作らず、野心的なGPマシーンで10年間もレースに時間と金をつぎ込んだ。

一方で、スポンサーがレース中の事故で他界するなどし次々と不運に見舞われ、5回も倒産

の憂き目にあった。そのたびに生粋のサラブレッドの存続を願う投資家によって不死鳥の如く蘇った。そして47年に手を差し伸べたのがデイヴィド・ブラウン（DB）である。彼は大事業家であると同時に、根っからのエンスージアストでもあった。経営者は変われども彼らのクルマ作りの姿勢は変わらなかった。その結果、アストンにはレースで培われた厳しさと、英国貴族の凛々しさが色濃く表われていった。ちなみに社名は、ヒルクライムコースのアストン・クリントンと彼自身の姓マーティンを組み合わせものだ。アストンの名声がいまだに世界に浸透しているのは、その貫かれた企業姿勢が精神的機能表現としてクルマに表われているからだろう。

数あるアストンのなかでも、もっとも好きなのがDB4ザガートだ。DB4GTをベースにザガートのアルミボディを架装。デザインは、ザガートにいたエルコーレ・スパーダが担当し

た。彼はアルファ・ジュリエッタSZ（60年）やジュリアTZ（63年）など、先鋭的な数多くのクルマを手掛けている。エンジンはGTのアルミブロック直6DOHCツインプラグを基に、圧縮比を9・1から9・7に高め、12馬力アップの314馬力とした。車重は1137kg軽量化され1159kg。もともとGTはDB4の高性能版のホイールベースを5インチ短縮した2シーターで、85kg軽い1296kgのクルマである。

このGTのプロトタイプ（DP199）にスターリング・モスが乗り、シルヴァーストーンでデビュー・ウィンを飾るなど、ザガート仕様でなくとも抜群の速さを誇っていた。その時の相手がフェラーリで、その後もアストンと250GTが死闘を繰り返すのは有名な話だ。

63年の第1回日本グランプリでも、ジョセ・ロンスキーがドライブするDB4ザガートと、ピエール・デュネのフェラーリ250GT SWBの激走は、強力な刺激を与えてくれた。いや、この日本GPは日本の国民に強烈なインパクトを放ったのだ。結果は250GTが優勝を飾り、DB4ザガートは2位だった。

DB4ザガートの生産は、60年から63年の間にわずか19台（その後91年に公認モデルが4台追加生産された）のみで、それはGTの94台の中から振り分けられた。この19台の中の1台（シャシーナンバー0200/R）を小林彰太郎さんと友人が共同で持っておられた。話を伺うとサスペンションを固めてあったことにもよるが、かなりスパルタンで獰猛なクルマだったという。

アストンに凛々しさを感じるのは、こうした精神的な表現が如実に表われているからである。我々、日本の自動車メーカーは、消費を喚起するための差別化に奔走してきたが、改めて精神的なモノの美しさを知ると、これまでの活動がいかに表層的であったかということに気づく。

ラリーの名車
サーブ92

SAAB 92：スウェーデン製／1950～1955年
【日本仕様】①3950×1620×1450mm ②2470mm ③1180／1180mm ④875kg ⑤水冷直列2気筒／2サイクル ⑥764cc ⑦80.0×76.0mm ⑧6.6：1 ⑨25ps／4000rpm ⑩5.6mkg／2350rpm ⑪3段MT ⑫ダブルリーディングアーム＋コイル／L型トレーリングアーム＋コイル ⑬ラック・ピニオン ⑭ドラム ⑮5.00-15 ⑯105km/h

年配のエンスーにとっては、サーブと言えばラリーと答えるほど、サーブはラリー界で一世を風靡した。なにしろ2サイクル2気筒750ccのちっぽけなクルマがポルシェ、メルセデス、ジャガーを尻目に連戦連勝を重ねたのだから。

サーブはスウェーデンに生まれた戦後のメーカーである。最初に作った92が地元のラリーで総合優勝を果たし、それがノーマルの試作車であったことから、ポテンシャルの高さを世に知らしめることになった。

92は、わずか15名の設計者の手で作られた。チームを率いたのはグンナー・ユングストロームとロルフ・メルデという熱狂的なエンスージアスト。彼らはクルマの開発にモータースポーツほど適した舞台はないと考え、ラリーではメルデ自身がステアリングを握った。ラリーだけでなく、59年のルマンには93で挑戦し、クラス2位、総合で12位という快挙を成し遂げた。

ラリーで名声を勝ち得た要因として、名騎手エリック・カールソンの存在も忘れてはならない。非力な92を操る方法として、右足のスロットルペダルは常に全開にし、左足でブレーキを踏み、コーナーでテールを振り出し素早く姿勢を変えるテクニックを習得した。それによって雪道のモンテカルロでは圧倒的な速さを示したのだ。

それを耳にした我々は、さっそく左足でブレーキを踏む練習をしたが、なかなか慣れない。何回か練習を積むうちに、やっとテールを振り出し、くるっと小さくターンすることができるようになった。その後、ジムカーナではこの方法が主流となり、FF車が速いタイムを叩き出すようになったのだ。

それはさておき、当初2気筒だった92も55年に縦置きの3気筒になり、59年には排気量を850ccに拡大。そして64年には4サイクルV

型4気筒1500ccの96V4にまで発展させ、実に30年間も作り続けられた。

ところで、サーブが飛行機のエンブレムを誇らしげに付けているのは、軍用機製造のために誕生したメーカーであったからだ。中立国のスウェーデンは大戦を予期し、国土防衛のために自国製の戦闘機を作らなければならなかった。そこで1937年に設立したのが「スベンスカ・アエロプランAB」という会社で、その頭文字を取ったのが「SAAB」である。

戦後、軍用機の需要がなくなると、その技術を活かした乗用車の開発に着手した。最初のモデルが前述の92で、まさに軽飛行機の翼を取ったような格好だった。ボディは航空機技術を活かしたモノコックを採用し、当然のごとく軽量で、空気抵抗に優れていた。飛行機屋の設計が面白いのは、飛行機のようにフロアパネルを完全にフラットにしたことだ。それによって雪道ではソリのような走破性を発揮した。当時、VW以外は風洞テストを行なっていなかったが、彼らは航空機と同様なテストを行ない、Cd値0・32を達成。この値は空力が発達した現在では実現可能だが、59年も前では考えられない値である。ちなみに競合車の平均値は0・50である。

このような背景からサーブには、素直でクリーンなスカンジナビアン・デザインとマイルドな乗心地からくる「大人の枯れた良さ」があり、今に繋がっている。名車というのは、大組織や市場調査を行なった結果からではなく、このようにクルマ好きの少人数のチームから生まれる場合が多い。現在のサーブはオペルのプラットフォームを流用し、GMグループ内でプレミアム・ブランドの役割が与えられてきたが、現在、世界恐慌の波を被り、将来が見えない状態にあるのはまことに残念だ。

飛行機屋の
BMW R32

BMW R32：ドイツ製／1923〜1926年
①2100×800×950mm ②1380mm ④122kg ⑤空冷水平対向2気筒 縦置SV
⑥486cc ⑦68.0×68.0mm ⑧5.0：1 ⑨8.5hp／3300rpm ⑪手動3段
始動：キック ⑫トレーリングリンクフォーク＋リーフスプリング／リジッドアクスル ⑯85km/h

ＢＭＷの青と白のあのマークが何を意味しているか、ご存知の方は多いことと思う。そう、あれはパイロットがプロペラを通して見る青空を示しているのだ。創業時「ラップ・モトーレン・ヴェルケ」という社名だったＢＭＷは、第一次世界大戦が始まる前年の１９１３年に航空機用の４気筒エンジンを開発した。当時の飛行機は主翼を２段にしてやっと飛んでいたが、それでも大戦では戦闘能力の高い近代兵器として大活躍。そのためラップ社はエンジンを次々に増産し、さらにダイムラー社から大量の注文を受け、事業を拡大。そして16年に社名を「バイエリッシュ・モトーレン・ヴェルケ」と改名した。その頭文字を取ったのがＢＭＷである。プロペラ・マークはその翌年に誕生した。

ところが敗戦国となったドイツはベルサイユ条約で航空機の製造が禁じられ、ＢＭＷは鉄道用のブレーキや飛行機の木材を使った家具で生計を立てなければならなかった。飛行機屋たちはそれに我慢できるはずはなく、トラック用エンジンを作り、次に500cc水平対向2気筒を開発した。このエンジンをヴィクトリアとヘリオスが採用したが、出力、操縦性、乗り心地のすべてが劣悪であったため販売不振に陥り、倉庫は在庫エンジンの山となった。

そこで生まれたのが、今日のBMWに脈々と受け継がれているアイデアだ。それはエンジンを縦に積み、左右のシリンダーを突き出させて風を当てる方法である。それまではシリンダーが前後にあったため、後方のシリンダーはオーバーヒートし、また長いホイールベースにならざるを得ず操縦性も極めて悪かった。そのため新型車は自社製の車体にし、R32の名前とあのプロペラ・マークを付けて、23年のパリ・サロンに出品した。それはチェーンをシャフトに変え、第一級の性能と品質を備えていたため、人々

から高い評価を得たのである。このR32が故・星野嘉苗さんのミュージアム・モトテカにある。なにしろBMWのミュージアムのものはレプリカだというのだから、いかに貴重かだ。R32から86年も過ぎた今日も高品質なフラットツインを作り続け、このアイデンティティがプロペラ・マークに輝きを与え続けているのた。

初期のフラットツインはエンジン幅を押さえるため、サイドバルブである。それが35年まで続き、その後OHVとなるが、ショートストロークを採用し幅を狭く押さえている。

日本にBMWの名を知らしめたのは、58年の浅間火山レースで優勝したR50であるといえる。浅間火山レースは、日本のモーターサイクルを世界の桧舞台に立たせる礎《いしずえ》であったのだ。そのもっとも速い500ccクラスに、BMWに跨る伊藤史朗と、BSAゴールドスターの高橋国光が出場し、ふたりは激闘を繰り広げ、伊藤のR50が優勝を勝ち取った。このドイツ車と英国車の戦いは、今も語り継がれるほどの名勝負であった。ところがこの2台は、共にバルコムにおられた山口京一氏が陣頭指揮を執って作ったマシーン同士だったというのだからおもしろい。

実は数年前の「タイムトンネル」(*)で、このシーンを偶然にも再現した。R50と、私が乗るゴールドスターがトップを争い、BMWが最終ラップの第一ヘアピンで私を抜きにかかった。ところがシリンダーヘッドを路面に擦り、ヘッドを中心にコマのように回転しながら転倒。私はそのままゴールを切り、お立ち台の真ん中をゲットした。浅間とは逆の結果になったが、青空にプロペラが輝く飛行機屋のBMWと鉄砲屋のBSAは、常にライバルなのかもしれない。

＊「タイムトンネル」とは1964年以前に作られたバイクで行なうレースで、30年間も続けられた由緒あるクラシックバイク・イベント。

ドイツ人が作った英国車

トライアンフ TTレーサー

TRIUMPH TT RACER：イギリス製／1908年
⑤空冷単気筒OHV　⑥499cc　⑦80.5×98.0mm　⑨3.5hp（10.0hp／1927年）
⑪手動3段　始動：キック　⑫ガーダーフォーク／リジッドアクスル

19世紀後半の英国は、世界の4分の1をも支配する大国で、華やかで活気に満ちていた。トライアンフの創始者であるジークフリード・ベットマンも他の若者同様、そんな大英帝国に憧れ、ドイツからイギリスに渡った。おそらく50年代のアメリカがそうであったように、多くの人々が夢を求めて海を越えたのだろう。面白いのは、英国を代表するこのトライアンフもヴェロセットも、ドイツ人によって生み出されたメーカーであることだ。

英国に着くと、自転車が先進的な乗り物として一大ブームが起きつつあった。ベットマンはさっそく会社を設立してベットマン・サイクルを販売（1885年）。しかし販売は芳しくなかった。そこで商品名を「Triumph」（勝利）に変え、コヴェントリーに工場を建て、自社ブランドを立ち上げた。これが功を奏し、折からの自転車ブームに乗って大成功を収めた。

それから10年が経ち二十世紀に差し掛かろうとする頃、自転車にちっぽけなエンジンを付けたものがパタパタと走り始めた。トライアンフもベルギーのミネルバのエンジンを取り付けて発売を開始したが（1902年）、成功するには独自のエンジンとフレームが不可欠であることを知った。そこで生まれたのがエンジンを中央に置いたクレードル型フレームである。その後、このフレームが世の定番となったのはご存じのとおり。

翌1907年に第一回のマン島TTレースが開催されると、ベットマンは2台のマシーンをエントリー。当時は単気筒と2気筒のクラスしかなく、エントリー台数はそれぞれ17台と8台だった。レースは一般道を閉鎖した25・5㎞のコースを10周するもので、結果はマチレスが1位、トライアンフは2位と3位。

第二回には、再設計した500㏄の3・5馬力

エンジンで見事優勝。同時に3、4、5、7、10位を獲得して信頼性の高さも見せつけた。その結果、販売台数は大幅に増加し、市場シェア10%の1000台が一挙に3000台にも達したのだった。

優勝した高性能なワークスマシーンをぜひ譲ってほしいという声に応え発売したのが、この「TTレーサー」である。腕に自信のある若者はTTレーサーに跨り、各地でレースを繰り広げたのだ。「タイムトンネル」の主催者である吉村国彦氏が所有するTTフォースマン・レプリカもそのひとつで、今も快音を轟かせサーキットを走っている。

その後、第一次世界大戦が勃発し、軍用バイクを大量に納めると、戦場においても兵士たちからの信頼は厚く、「トラスティ（信頼）・トライアンフ」という愛称で親しまれた。この大戦は一方で内燃機関の技術を向上させ、トライアンフはOHVの4バルブエンジンを開発し、飛躍的な進歩を遂げたのである。

4バルブエンジンは1960年代にホンダによって広く知れ渡ることになり、今や一般的な技術となったが、最初に発明したのはトライアンフにいたハリー・リカルドで、時は1921年、今から88年も前のことだ。彼はバルブの数を増やせば燃料の流入が向上することを発見。またバルブを軽量化すれば、高回転化が可能であることにも気がついた。このOHV 500ccの4バルブエンジンは、センタープラグでこの時代にリッター40馬力を発揮している。

第一世代のトライアンフは、「TTレーサー」といい、4バルブエンジンといい、比類なき性能の高さと信頼性によって名声を手に入れた。言い換えると、技術は戦争によって向上し、名車はレースと共に成長したと言える。

孤高の
ヴィンセントHRD ブラックシャドー

VINCENT HRD SIRIES C BLACK SHADOW：イギリス製／1949〜1955年
④208kg ⑤空冷V型2気筒OHV ⑥998cc ⑦84.0×90.0mm ⑧8.5：1
⑨55hp／5700rpm ⑪前進4段 クラッチ：サーボクラッチ 始動：キック
⑫ガードロリックフォーク／カンチレバー式（モノサス） ⑯201km/h

ブラックシャドーは、60年も前のマシーンにもかかわらず、今でもとてつもないトップスピードを叩き出す。当時、世界最速を誇っただけのことはあり、筑波サーキットのような狭いコースではかわいそうだが、直線が長いところでは、我々トライトン勢はまったく歯が立たない。OHV998ccは1949年当時でも55馬力を発揮し、今のガソリンに合わせてチューンするとおそらく90馬力くらいは出ているだろう。

こうなると巨大なVツインは、軟弱な足でのキックを跳ね返し、押し掛けでも後輪はかたくなにロックして回ろうとしない。ボルトだらけのエンジンは素人を寄せ付けないのだ。

フレームも半端ではない。エンジンそのものを部材とし、その後方にカンチレバー型のサスペンションを取り付けた。これはヤマハのモノサスと同じ構造で、YZ（1974年）が発売される48年も前のことだ。

二輪のリア・サスペンションは、ストロークと剛性の両立から長い間、試行錯誤が続き、スウィングアームに落ち着いても、捩れ剛性の問題が付いて回った。これらの問題を解決したのが、ヴィンセントの三角形にトラスを組んだスウィングフレームである。これはフィリップ・C・ヴィンセントがケンブリッジ大学在学中の1926年に考え出したものだという。

直角に突き立ったスミスのメーターには、150マイル（241km／h）まで刻まれ、世界最速であることを誇らしげに示している。同様に誇らしげに見えるのは、タンクに書かれた「HRD」という文字だ。HRDとはハワード・R・デーヴィスのこと。彼は自分の名を冠したHRDマシーンを製作し、マン島TTレースをはじめ、次々とレースで優勝をさらい、憧れのブランドとなっていた。この評判の高いブランドをヴィンセントが買い取り、ヴィンセントHRD

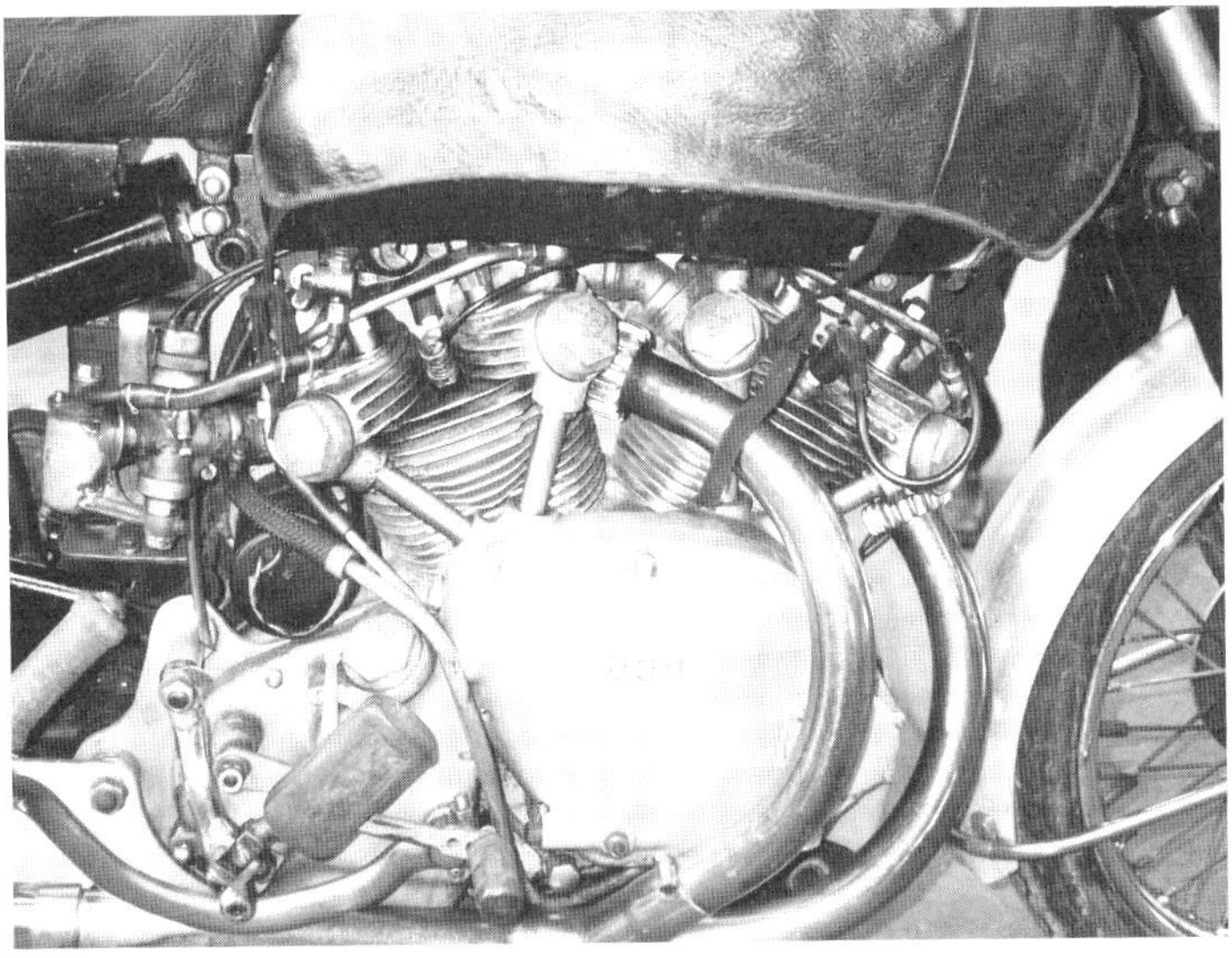

を誕生させた。彼はTTで勝てなかったため、強いHRDに憧れを抱いていたのだ。

男はいつの時代もこういった根源的なものに憧れる。無骨だが媚や諂いなど微塵もなく、今の社会からは生まれそうもない凛々しさがある。その代表格がヴィンセントHRDブラックシャドーである。そこには作り手の魂が見える。

世界に名をはせたヴィンセントも、他の英国車同様に、最初はバックヤードビルダーだった。自作のフレームに最強のJAP製エンジンを積んでレースに挑んだ。その後、1935年にOHVハイカムシャフトの500ccエンジンを開発。このエンジンでマン島TTレースに挑戦したが、成績はいまひとつだった。そこでこの500ccをV型にふたつ組み合わせた強力なエンジンを作り上げ、これがブラックシャドーの原型となった。

当時はデザイナーもプランナーも存在せず、バイク好きな技術屋がすべてを作っていた。だからフィンの形状からボルト1本にまで、こだわりがある。このこだわりをじっくり見ていただきたい。おそらく一日中眺めていても飽きることはないだろう。

しかしヴィンセント社は、凝りに凝ったマシーンのコスト負担が解消できず、1955年に閉鎖を余儀なくされ、27年間の命を終えた。

最近、男を高ぶらせるクルマがないからこそ、孤高のヴィンセントをいつかは手に入れ、乗りこなしてやろうと思っている。ところがこのヴィンセントにセルを付け、エグリのフレームに載せて、今に蘇らせたモデルがある。スイスのフレームメーカーが作ったエグリ・ヴィンセントである。それでも孤高が曇ったように見えないのは、エンジンの造形からにじみ出る個性があまりに強いからだ。

苦肉の策として生まれたアイデンティティ
ドゥカティ750SS

DUCATI 750 SUPER SPORT：イタリア製／1973〜1979年
②1520mm　④180kg　⑤空冷90度L型ツインSOHC 2バルブ
⑥748cc　⑦80.0×74.4mm　⑧9.65：1　⑨72ps／9500rpm　始動：キック
⑫テレスコピック／スウィングアーム　⑯230km/h

ドゥカティというと誰もがディスモドロミック・バルブのL型ツインエンジンを連想する。ところがこのアイデアは、苦肉の策として生まれたものだった。まだバルブスプリングが高回転に追従できず、折損しやすかった1950年代にドウカティは、この対策としてスプリングをなくしカムで強制的に開閉する「ディスモ」という機構を開発した。

いっぽうL型ツインは、パワーを上げるため、手持ちの単気筒エンジンにもうひとつシリンダーを取り付けようとして生まれたものだ。既存のシリンダーを使うため新たな技術開発や大規模な設備投資の必要がなく、それでいて高性能なビッグツインを手に入れることができたのである。

1971年、このLツインを搭載したマシーンを750の名で発表、続けて翌年に750スポルトを、73年には750SS（シュペール・

スポルト）を矢継ぎ早に発表した。特に750SSは、72年のイモラ200マイルレースで、ポール・スマートが乗って優勝したワークスマシーンのレプリカモデルである。今も絶大な人気を誇り、手の出る価格ではない。その後、75年に900SSへ発展し、このエンジンが900MHR（マイク・ヘイルウッド・レプリカ）にも搭載された。

このタリオーニが設計した90度Lツインは、冷却性や振動の少なさ、エンジンの幅の狭さなど多くのメリットがある。しかし、シリンダーを前方に取り付けたため、1520㎜という他車より120㎜も長いホイールベースにせざるを得ず、そこに置かれたFRPのロングタンクのせいで、手足の短い日本人にとってはハンドルがあまりに遠かった。

またエンジンのクランク位置が後方で、乗車位置も後ろであったため、コーナーではフロン

トタイアに荷重が掛かりにくく、インラインに添って小さく回り込むことが不得意だった。それよりも伸びきった前屈姿勢を強いられ、ツーリングでは腕と首がもたなかった。ちなみにこの時のフレームは、まだドゥカティの代名詞とも言われるトレリスフレームではなく、一般的なダブルクレードルである。

彼らは、バルブスプリングのトラブルなどまったく起きなくなった今日でも、ディスモドロミックとL型エンジンに固執し、鉄製のパイプフレームを使い続けている。その頑固さがドゥカティたる所以である。このスタイルは、日本車に慣れた眼にはローテクに映るが、決してそうではない。それは理にかなっているからだ。ドゥカティのMotoGPマシーンは、今のアルミ高剛性フレームが全盛の現代でも鉄フレームを使っているように、しなやかさと高剛性を両立させている。

それについてGPマシーンの設計者であるC・ドメニカーリは、Lツインとパイプフレームの組み合わせこそがドゥカティのアイデンティティであり、それで速くなければドゥカティではないと言う。彼らはMotoGP用の水冷V型4気筒をV－4とは呼ばずダブルツインと呼ぶように、いかにツインにこだわっているかがわかる。そういえばジャガーもストレート・シックスが売りだったから、V12を作ってもダブルシックスと呼んでいた。

このような背景からドゥカティは歴史あるメーカーだと思われがちだが、実は戦後の1946年に誕生した若い会社だ。創立当初はOHVの50ccエンジンをライセンス生産する町工場で、イタリアに567社もあったメーカーのひとつであった。ところがこの技術屋のこだわりが、イタリアのトップメーカーへ、そして世界のドゥカティへと躍進させたのである。

普遍的な価値

ホンダ・スーパーカブ C100

HONDA SUPER CUB C100：日本製／1958年～
①1780×575×945mm　②1180mm　④65kg　⑤空冷OHV　⑥49cc
⑦40.0×39.0mm　⑧8.5：1　⑨4.3hp／9500rpm　⑩0.34mkg／8000rpm
⑪前進3段＋リターン　クラッチ：湿式多板自動遠心クラッチ　始動：キック
⑫ピボッティングボトムリンク／スウィングアーム　⑮2.25-17　⑯70km/h
⑰5万5000円（初期型）　延べ生産台数：約6000万台

世界広しと言えども、これほど原点を極め、しかもエコなバイクはない。だから50年間に160ヵ国もの人々から愛され、その数なんと約6000万台だ。世界中を探してもこんな記録を持っているのはスーパーカブだけである。日本では早朝の新聞配達に始まり、そば屋の出前から通勤通学の足……。アメリカでも「ナイセスト・ピープル・オン・ホンダ」のキャンペーンによって全米に広まった。アジアでは一家に一台のマイカーとして、荷物を満載にし、家族4人が乗っている。

まさに本田宗一郎氏がいう「良品に国境なし」である。では良品とは何かというと、「乗りやすく、燃費が良く、壊れない。ミニマム・コミュータ－としての基本をしっかり押さえる」こう話すのは前社長の福井威夫さんだ。

当時、ライバルメーカーは、スーパーカブに負けじと次々に競合車を送り出したが、いずれも短命に終わった。私もブリヂストンでホーマーを開発。カブのガッツンと入る変速ショックをなくし、スムーズでしかも性能的にはカブを上回るエンジンを開発した。しかし市場からは走らないという声が上がった。スーパーカブは、ガッツンのショックが走りを強調させていたのに対し、スムーズにしたことが仇となったのだ。コルベットのN‐Dショックも同様で、あの首がのけぞるようなショックで、「このクルマはどでかいトルクがある」と思うのである。またカブの１００km／ℓも伸びる定置燃費には、２サイクルではまったく歯が立たなかったのも事実だった。

ホンダは煙を吐いた2サイクル全盛の時代にクリーンでエコな4サイクルを採用。また蕎麦屋の出前が片手運転できるように、シフトペダルを踏むとクラッチが切れるなど考え抜かれた構造となっている。さらに「乗降性を考えたシ

ートとレッグスペース、走破性のための17インチタイア、重心位置を下げたコンパクトなエンジン、コストを押さえたパイプ複合フレーム。そこには後から手の入れようもない完成された美がある」と語るのは林 英次氏だ。

話は変わるが、ダイヤモンドフリーのページ（P・146）で触れる「第一回多摩ドラッグレース」という、自分が主催したレースで、あろうことか私から優勝をさらっていった相手が、このスーパーカブだった。まだ発表されたばかりのカブをレース用に改造したもので、敵ながらなかなか速かったことを覚えている。その後、空き地に紐を張ったような草レースが各地で行なわれるようになると、若者はカブを思い思いに改造し、元気に走り回っていた。スーパーカブは若者にとって、エンジンやシャシーの原理を知るうえで恰好の教材であったのだ。

それからだいぶ時間が経ち、シェルのマイレッジマラソンが行なわれるようになると、ここでもスーパーカブのエンジンを使った超燃費マシーンが次々に登場した。学生も大人もカブのエンジンでいろいろと勉強したのである。

スーパーカブは、物事の原点を極めた結果、普遍的な価値が生まれたものの代表だと思う。その結果、モペットの世界的スタンダードとなったのだ。日本でもカブによって自転車オートバイの時代が終わり、新たな時代の幕が開いた。そこには崇高な理念と試行錯誤があったに違いない。その後もホンダは、顧客の期待を上回る商品を出し続け、「常に挑戦する革新的なメーカー」というイメージを確立した。

ところで我が家のスーパーカブ90もいたって元気で、燃費は都内の通勤で50km／ℓも伸びる。息子は、それまでのKTM640の3倍だと喜んでいる。50年も前の設計が、今もエコバイクとして先頭を走っているのだ。

三の章

経験は人生の糧

イタリアの気品と技術が輝く
ランチア・ラムダ

LANCIA LAMBDA：イタリア製／1922〜1931年
①4973×1670×1700mm　②3100mm　③1332／1366mm　④1225kg
⑤V型4気筒SOHC　⑥2120cc　⑦75.0×120.0mm　⑧5.1：1
⑨49HP／3250rpm

以前、家族4人でイタリアを旅していたら高速道路で大渋滞に遭い、しかたなく最寄りのインターで降りることにした。すると白バイの警察官がゲートを開けて「どうぞ！」と合図する。料金を払おうとしたら、「いらない」と言うのだ。この大らかな対応のおかげで旅が楽しくなった。

イタリアは速度制限がないに等しく、街中でもタイアを鳴らすクルマが多い。北部に行けば行ったで、アルプスの険しい山道を大声でしゃべりながらビュンビュン飛ばしていく。彼らは朝ぎりぎりまで寝ていて、飛び起きて飛ばすのだという。だからイタリア車はどれもステアリングが正確で、エンジンも元気よく回る。ランチアはその代表格で運転が楽しいだけでなく、独特の気品を漂わせている。

ランチアは創立100年を超えるイタリアの名門で、その間に数え切れぬほどの名車を世に送り出している。1937年のアプリリア、50

年のアウレリア、WRCでマニュファクチャラーズ・チャンピオンを11回も獲得したストラトスや、デルタS4、インテルグラーレ。さらに革新的な技術でメルセデスをも制したグランプリマシーンのD50もある。

その技術の原点がランチア・ラムダだ。その頃、他車はトラックのようなシャシーにリジッドアクスル、そして旧式なサイドバルブだったが、1922年のパリ・サロンにひときわ低く身構えた革新的なモデルが現われ、自動車業界を震撼させた。それがラムダだった。

実は、そのラムダに「よろしかったら乗りませんか」と小林彰太郎さんからお誘いを受けた。ふたつ返事で彼の家に伺い、実車を前にすると、87年も前の技術力に感服した。当時はメルセデスやアストンでさえ無骨なシャシーに木骨ボディを被せ、どでかい直列8気筒を搭載していた。その時にラムダは、オープンのモノコック・ボ

ディに世界初の独立懸架を採用していたのだ。

　また、ＯＨＶがまだ珍しい時代に、ＳＯＨＣの「狭角Ｖ４」(*)を開発している。角度はわずか13度だから見た目は正方形である。ヘッドを見るとポートや水の通路が複雑に入り組み、今の技術をもってしても、いかにして鋳造したのかを考えてしまうほどだ。おそらく立派な鋳造工場を自前で持っていたから、さまざまな先進技術が実現できたのだろう。

　走り出すとボディ剛性は、今の基準からしても低くはない。資料を捲ると捩れ剛性はラダーフレームの10倍もあると書かれてある。そのため乗り心地は、スライディング・ピラーというフロント・サスペンションの効果もあり、フラットで滑らかだった。

　優雅なボディはブルーと茄子紺に塗り分けられ、内装にはベージュの革を配し、なんともお洒落だ。補助シートを出すと３列の６人乗りになり、その長いキャビンを複雑なリンクのキャンバスが覆う。

　こういった技術的にも感覚的にも秀でたクルマを次々に創り出したのが、創始者のヴィンツェンツォ・ランチア（１８８１～１９３７年）である。彼は熱狂的なエンスーであるだけでなく、レーシングドライバーであったためクルマに対する造詣が深く、そのすべてをクルマ作りに反映させたのだ。

　ランチアは現在も、テージスから小さなイプシロンに至るまでイタリアの気品を漂わせ、濃密なインテリアとしっとりした乗り心地を作り出している。この独特の包容力がランチアの世界である。


*参考までに、ＶＷが発表したＷ型８気筒４・０ℓエンジンは、このランチアの狭角Ｖ４をふたつを組み合わせてＷ型の構造にしたものといえる。

世界の国民車
フォルクスワーゲン ビートル

VOLKSWAGEN BEETLE（TYPE1）：ドイツ製／1938〜1978年
＊ただしメキシコとブラジルで生産を継続。
【1945年式スタンダード・タイプ51】①4070×1540×1630mm ②2400mm ③1356／1360mm ④755kg ⑤空冷水平対向4気筒OHV ⑥1131cc ⑦75.0×64.0mm ⑧5.8：1 ⑨25ps／3300rpm ⑩6.8mkg／2000rpm ⑫トレーリングアーム＋トーションバー／スウィングアーム＋トーションバー
延べ生産台数：約2140万台

多くの人々から愛されたフォルクスワーゲン・ビートルは、なんと社会主義者のアドルフ・ヒトラーと、チェコ生まれのフェルディナント・ポルシェのコラボレーションによって誕生した。

1933年、政権に就いた独裁者ヒトラーは、ドイツ全土を覆うアウトバーンと、低価格の国民車構想を発表した。アウトバーンは膨大に膨れ上がった失業者政策であり、国民車は彼自身がクルマ・マニアであったからだとも言われている。言うまでもなくフォルクスワーゲン（VW）とは、「Volks」（国民）「Wagen」（車）のことだ。

国民車を設計するとなると、普通ならばシンプルな構造で低コストにするのは当たり前だ。ところがポルシェ博士は、自身の思想哲学ためには一切の妥協を許さなかった。その哲学のひとつは、低重心にするための水平対向エンジンである。それは最新のポルシェ・ケイマンでもお判りのとおり、低コストのストラット・サスペンションにもかかわらず、群を抜いた操縦安定性が実現できるからだ。

哲学のふたつ目は、トラクションを稼ぐため、駆動輪の上に重いエンジンを置くことだった。ＶＷが雪道や砂漠のラリーで速いのは、タイアにしっかり荷重が掛かるからだ。

サスペンションは、アウトウニオンＧＰレーサーのトーションバー構造を、ほぼそのまま採用。フレームもまた革新的なバックボーンタイプとした。このように安い大衆車でありながら、すべてにおいて先進的な設計がなされたのだ。

ポルシェ博士の妥協を許さないクルマ作りに比べ、一方で耳に付くのが、日本の技術屋の多くが公然と言う「クルマは妥協の産物」という言葉だ。この考えが日本車をダメにしている。

この先進的な国民車は当初ＫｄＦと呼ばれた。ヒトラーはＫｄＦを誰もが手に入れられるよう、国民に定額貯金を勧めた。ところが一方で、彼

は41年、ポーランドに侵攻し第二次世界大戦を勃発させたのだ。そのためＫｄＦは国民車としてではなく、そのまま軍用車に転用された。

終戦後、連合軍はこのＫｄＦの優秀性に驚き、さっそく工場を再建し生産を開始した。目的は戦禍賠償である。その後、民間に向けて販売すべくサービス網を充実し、生産を加速。この時に暗い過去を払拭するため、車名を「ＫｄＦ」から「ＶＷ」へ変更した。

ＶＷは、親しみを感じる長閑なスタイルと堅牢さから販売が一気に拡大し、さらには世界中に輸出され、今も多くの人々から愛され続けている。本国での生産は78年（エムデン工場）に終わるが、その後メキシコとブラジルで継続された。その間の延べ台数は２１４０万台を超え、まさに世界の国民車となったのだ。

ちなみに米国では、〝ＣＡＬ－ＬＯＯＫ〟（カルフォルニア・ルック）と呼ばれるカスタムが一世を風靡し、ハイパワー版が次々に誕生した。バギーへの改造車も多く、ＶＷが砂丘を飛び跳ねることができるのも駆動輪にしっかり荷重が掛かるからだ。またドラッグレースでちっぽけなビートルがＶ８のモンスターを尻目にしたのも、高いトラクションを発揮するからである。

このキャルルック人気を日本に飛び火させたのが、隣家に住む小森さんである。彼はＶＷの専門ショップ〈ＦＲＡＴ－４〉を主宰。根っからのエンスーで最近は英国車にもハマっているご様子だが、世界に３台しかないスペシャルＶＷもお持ちだ。それを見ると、米国だけでなく世界各国にＶＷが浸透していたことがわかる。

友達の若い建築家が、綺麗なピンクと白内装を組み合わせたキャルルックに乗っていて、そのクルマで我が家に遊びに来ると、その場が和やかな雰囲気になる。ＶＷには、理詰めのドイツ車には珍しい、心を癒す力もあるようだ。

世界最速の
インディアン・スカウト

INDIAN SCOUT：アメリカ製／1920～1949年
①2100×800×950mm ②1380mm ④122kg ⑤空冷42度V型2気筒SV
⑥750cc ⑦73.0×89.0mm ⑨18hp ⑫トレーリングリンクフォーク＋リーフスプリング／リジッドアクスル ⑯161km/h

360度、地平線まで真っ平らなボンネビルで世界記録に挑むバート・マンロー（アンソニー・ホプキンス）。すでに60歳を過ぎ、心臓発作と前立腺肥大、さらには金欠病にも悩まされながら母国ニュージーランドを発ち、地球の反対側である米・ソルトレイクに向かう。道中、前立腺に効くという犬の睾丸から作った薬をもらい、その苦い薬を飲んでやっと放尿した後に〝ホーッ〟と息を漏らす。なんとも共感するシーンだ。共感を呼ぶのは、何も放尿シーンだけではなく、自分で作ったマシーンで世界に挑む姿勢である。

映画『世界最速のインディアン』の主役マシーンは、1920年製のインディアン・スカウトである。このマシーンをベースに考えられないほどのチューニングを施し、最高速度チャレンジを行なう。もともとスカウトは高性能なバイクで、ノーマルの最高速度は121km／hだが、レーシングカムとポート研磨を施したモデルは161km／hを誇る超高性能マシーンだった。この超高性能の心臓は、なんとサイドバルブ750ccのVツインだ。また168kgの軽い車体は低重心で、リーフスプリングのフロントフォークは運転しやすく、レーサーやヒルクライマーの間で絶大な人気を誇っていた。

　バートは作業場にベッドを置いた粗末な掘っ建て小屋で、アルミを溶かしてピストンを作り、フレームも自ら溶接して作り上げる。そんなマシーンで世界記録に挑むのだ。それまでの記録は321km／h。これを超えなければならない。

　彼のマシーンは、300km／hもの猛スピードで自励《じれい》振動を発生。フレームがワナワナと共振し転倒しそうになる。それを必死でこらえ見事に世界記録324・847km／hを樹立する。1962年のことだ。超高速での自励振動は命を落としかねない。私も富士スピードウェイの開会式で行なわれた模範レースに出場し、トッ

プで須走り落としのバンクに突入したところ自励振動が発生、フレームがワナワナと暴れまくり、死ぬ思いをしたことがある。

話を戻そう。バートはその後も毎年ボンネビルに挑戦し続け、1967年に記録（1000cc以下クラス）を樹立した。それはいまだに破られていない。1920年の旧いマシーンで考えられないことをやってのけたのだ。

インディアン社はハーレー社より2年古い1901年に設立され、1907年には42度Vツインを発売。27年には図抜けた性能を持つエースエンジンを搭載したインディアン401を出すなどし、高い評判を得ていた。このエースエンジンは、ヘンダーソン社が開発した空冷直列4気筒1300ccのサイドバルブである。

このエンジンを積んだインディアンは、戦後の日本にも多く輸入されていた。近くの酒屋さんに、この4気筒の三輪トラックがあり、酒や醤油を積んで配達していたことを覚えている。当時小学生だった私は、学校の帰りに遠まわりをして、よく見に行ったものだった。鋳鉄のフィンも荒々しい4気筒エンジンは力強く、小学生にかなりの刺激を与えてくれた。

ところで、この映画は実話を基に、マシーンも当時のものを忠実に再現している。しかしエンジンは1934年に登場したチーフの超ロングストローク（82・5×112・5㎜／1213cc）のようだ。バルブが剥き出しのOHVも、ドラッグレース用にフィンを削り落したアルミシリンダーも、あまりに格好よく、恐らく映画のために起こしたのだろう。マシーンを見ただけで、製作者はかなりの兵《つわもの》であることがわかる。

映画の中でバートは「夢を追わない人間は野菜と同じではないか。危険は人生のスパイスだ。この5分は長い人生より充実している」と、挑戦することを忘れた我々に檄《げき》を飛ばしてくれた。

気品に満ちた
ライラック・ランサーマークV

LILAC RANCER MARK Ⅴ LS38：日本製／1959〜1964年
①2050×645×990mm ②1350mm ④160kg ⑤空冷Ⅴ型2気筒OHV
⑥247.2cc ⑦54.0×54.0mm ⑧8.2：1 潤滑：ウェットサンプ
⑨20.5hp／8000rpm ⑩2.25mkg／4300rpm ⑪4段ロータリー（❶4.55 ❷2.94 ❸2.22 ❹1.68） クラッチ：乾式単板 始動：セル＆キック ⑫テレスコピック／スウィングアーム ⑮3.00-18／3.25-18 タンク容量：15ℓ ⑯140km/h
⑰価格18万8000円 製造：丸正自動車製造株式会社

浜松というところは独特の地の利を持った面白い場所で、〃バタンコ〃のメッカであるのはご存じのとおり。また偉大な企業家を輩出したところでもある。本田宗一郎、山葉寅楠、豊田佐吉、鈴木道雄など、いずれも日本の二輪、四輪を創出した人ばかりだ。そこにはこの地特有の「やらまいか精神」（とにかくやり通す精神）があった。

この町は、明治から織物、木工、楽器、ミシンが地場産業として栄えていたため、二輪車の開発も容易であったのだろう。さらにその事業に拍車を掛けたのが、戦後の「ガシャマン景気」である。ガシャマンとは織機をガシャンと動かせば万の金になるという意味で、それほど織維が儲かっていた。

283社もあった二輪メーカーの大半が、浜松に集まっていたといっても過言ではなく、それぞれがユニークなバイクを作っていた。その中のひとつに、気品ある名車・ライラックを作った丸正自動車があった。丸正は終戦まもない1948年に、伊藤 正によって誕生した。伊藤は本田宗一郎同様、アート商会の丁稚であったこともあり、常にホンダを意識していた。その現われがシャフトドライブであり、Vツインやフラットツインのエンジンだった。また他社より秀でたデザインもそうである。

丸正のメーカーとしての存続はわずか21年間だったが、その間に作られた主力車種は29車にも及ぶ。ベビー・ライラック、ランサー、ドラゴンなどエポックメイキングなものばかりだ。今回はそのなかでもライラック・ランサー・マークVを紹介しよう。

どうだろう、この立ち姿は！ 今から50年も前に、この気品あふれるバイクが生まれたのだ。デザインは林 英次氏だ。独特のタンクはライダーが疲労しにくいようにエンジン音を外に散らし、雨滴がヘッドに垂れないことも配慮してある。

その時の様子を彼は次のように話してくれた。「背中にポリタンクを背負い、ビニールホースを股のところからキャブに繋いで、木型のタンクを付けたバイクに跨った。走りながら南京鉋《かんな》で削っては、タンクとラバー・グリップの形状を決めたんだ」という。コンピューターでデザインする今どきの若者には考えられないことだろう。だから活き活きした造形になる。

実は林　英次は私の師匠でもあり、自動車業界のドン的な存在でもある。作品は自転車からモーターサイクル、クルマに至るまで幅が広い。なかでも秀逸なのは、なんといってもこのランサーだ。ランサー・マークⅤは、60度Ⅴツインエンジンを採用し、250ccと300ccがあった。最大出力は20・3馬力と23・5馬力で、140km／hの最高速度を誇った。Ⅴ型にしたのは、シャフトドライブに適し、冷却に有利なうえ、静かであるからだ。さらに乗り心地の良いシートや、メッキのキャリアと工具ボックスも備わり、ロングツーリングには最適だった。

静かで滑らかなエンジンとスタイリングは見事に調和し、気品ある存在となった。そのため今でもコレクターズ・アイテムとして多くの人々から愛されている。さらに丸正は125ccの高度な2気筒を作り上げた。これもまたⅤツインとシャフトドライブの組み合わせで、他社と違う、いやホンダとは異なるものを目指していたのだ。

この丸正も浅間火山レースに果敢に挑んだメーカーで、ベビー・ライラックも、このⅤツインも輝かしい戦歴を残し、250単のUYは優勝もしている。当時、多くのメーカーはアサマに勝つことに執着し、その心意気が多くのモータースポーツファンを生み、またこの心意気が活き活きしたバイクを生み出したように思う。

銀幕の愛を髣髴させる
シトロエンC6

CITROËN C6：フランス製／2007年〜
【2007年式エクスクルーシブ】①4910×1860×1465mm ②2900mm ③1585／1555mm ④1820kg ⑤水冷V型6気筒DOHC ⑥2946cc ⑦87.0×82.6mm ⑧215ps（155kw）／6000rpm ⑨30.5mkg（290Nm）／3750rpm ⑩6段AT ⑫ダブルウィッシュボーン／マルチリンク ⑮245/45R18（欧州仕様225/55R17） ⑰682万円

絶世の美女と言われたマリリン・モンローやキム・ノヴァクにも引けを取らぬ美しいクルマがある。シトロエンC6もそのひとつだ。単にファッショナブルというだけでなく知的で個性的。ひとめ見ただけで虜になってしまった。実は試乗会の席で思わず「欲しい」と声が出てしまったほどだが、682万円という価格を聞くとちょっと手が出ない。

話は変わるが、以前、フランス人ジャーナリストが取材で我が家に来られた。ボロ家だが落ち着いた良さが気に入ったようで、「最近のフランス人は表層的な生活を送るようになり、個性がなくなってしまった」と嘆いていた。ところが我々はそうは思っていない。「あなた方は議論好きで、『フランス人は国民ひとり一人が政治家だ』と言われるように、自分の意見を語るではないか」というと、「自分の意見がないと馬鹿にされるからだ」と答えた。フランス車に個性的なものが多いのは、おそらくこのような背景があるからだと思った。

そのなかでも創立者のアンドレ・シトロエンは意思が明確で独創的であったのだろう。それが商品に表われている。2CVやDS、Hバンも、一見アクが強く奇をてらったように見えるがそうではない。それは理にかなった独自の考え方を持っているからだ。だから世界中の人々から今なお愛され続けている。

C6が我々の前に姿を現わしたのは1999年のジュネーヴ・ショーで、発売の8年も前のことだ。8年というと2世代も前のデザインとなる。2世代も前のBMWや日本車のデザインと比較すると、シトロエンのデザインがいかに色あせないかがわかる。

そう！C6の前身であるDS(P・150)も、デビューした1955年のパリ・サロンではあまりに進歩的だった。いや、進歩的とひと言で

片づけられるものではなく、斬新でありながら人々から親しまれる要素を持っていた。

このC6もそういった斬新さと親しみやすさを両立させている。大きめの外寸だがメルセデスのような威圧感がない。それでいて存在感があり街中では視線を集める。乗り込んでみるとかなり広い。センタートンネルの張り出しをなくし、ドアの内側を大きくえぐっているからだ。そこに付けられたドアポケットがなかなかお洒落で、半円形の蓋が上下にスライドする。

室内は遮音がしっかり利き、風切り音もサッシュレスとは思えない静けさで、高級車に乗った印象を強くする。予想外に良かったのが燃費で、850km走った総平均は9.1km／ℓ。3.0ℓに1820kgという重い車重だが、ハイギアードに振っているため燃費が良いのだろう。それと引き換えに、走りはかなり緩慢である。

しかし、なんといってもC6の美点は雲に乗ったような乗り心地だ。それでいて峠道に入るとスポーツカーに変貌し、ロールを押さえてグイグイ曲がっていく。これを実現したのが「新ハイドロニューマティック・サスペンション」である。ブレーキやステアリングもDSほどの癖もなく、それでいてシトロエンらしい。

C6はDSの現代版であるかのように思われがちだが、スタイリングのモチーフがそうであるだけで、まったく別物である。その原因はシートに起因し、DSのような包み込む優しさが薄れている点で、これが最大の欠点といえる。

美人にはいくつかの難があっても、それ以上の魅力で人を虜にしてしまう。C6はその代表例で、ドイツ的あるいは日本的な価値観では測れない魅力がある。それはこのクルマを手に入れたら、銀幕のような愛が芽生えるのではないのかと錯覚する類の魅力なのだ。

ラリーで鍛えた
ダットサン・ブルーバード

DATSUN BLUEBIRD SSS（510型）：日本製／1967～1972年
【1967年式】①4120×1560×1400mm ②2420mm ④915kg
⑤直列4気筒SOHC ⑥1595cc ⑦83.0×73.7mm ⑧9.5：1
⑨100ps／6000rpm ⑩13.5mkg／4000rpm ⑪4段MT ⑫マクファーソンストラット＋コイル／セミトレーリングアーム＋コイル ⑭ディスク／ドラム
⑮5.60-13 ⑯165km/h

かって日産の石原社長がアメリカで名刺を出したところ、「ニッサンはダットサンの子会社ですか？」と聞かれ、かなりオカンムリになったという。そこで数百億円もかけて、1980年に全米の表示を「NISSAN」に切り替えた。ところがいまだに「DATSUN」の名に親しみを感じる人が多い。このブランドを不動のものにしたのが510型ブルーバードである。

当時、ダルマのような丸みのあるデザインが多いなか、〝510ブル〟のそれはスーパーソニックライン（超音速ライン）と言い、ウィンドーを傾斜させ、三角窓を持たない画期的なものだった。今では真四角に見えるが、当時はまさにジェット機のよう見えた。また「ビス一本まで新設」というほど、日産にとっての意欲作だった。

エンジンはアルミヘッドのSOHCを新設し、1・3ℓ、1・4ℓを用意した。最強の1600スーパースポーツセダン、通称「スリーエス（S

SS)」にはツインキャブレターを装着し100psを発揮。最高速度165㎞/hを誇った。ブレーキも初めて前輪にディスクを採用。サスペンションはフロントがストラット、リアはセミトレーリング。これもリジッドアクスルと比較すると、比べものにならないほど秀でていた。

実はこのブルーバード、何を隠そう！当時、私が乗っていたBMW1800(1962〜66年)と瓜ふたつなのだ。斜めに積んだエンジンも、ストラットとセミトレーリングアームのサスペンション形式もだ。おそらく日産はこのBMWを何台も購入し研究したものと思う。

余談だが、BMWはこのモデルをノイエ・クラッセと呼んだ。その意味は、新しいクラス、新しい概念ということで、従来とは違う革新的なものにする意図があった。私のクルマはちょっとチューンしていたこともあり、なかなかの俊足だった。これで友達のスリーエスを相手に

信号グランプリを繰り返していた。結果はトルクの大きいぶん、ＢＭＷのほうやや速かったが、無理が祟ったのかリアのドライブシャフトがボッキリ折れ、右後輪はブレーキドラムごとすっ飛んでしまったのだ。

話を戻そう。〝５１０ブル〟は世界中のラリーで快進撃を続けた。アクロポリス、サザンクロス、バサーストと勝ち進み、70年にはサファリでクラス／総合／タイトルの三冠を達成、世界のラリーを総なめにした。この技術屋の挑戦は新聞やテレビで報道され、我々国民に夢や元気を与えてくれた。

しかし、そこに至るまでには多くの苦労があった。日産は当初オースティンを生産しており、ダットサンにはオースティンのエンジンを積んでいた。オースティンはインチネジだから、工具はインチとミリの両方を積まなければならない。58年のオーストラリア・ラリーではそんな苦労もあって、ミリへの統一が早まったという。

〝５１０ブル〟の活躍の舞台はラリーだけでなく、アメリカではＢＭＷやアルファと張り合い、71／72年のＳＣＣＡで全米選手権チャンピオンにも輝いた。この時代はレースに勝てばそれに比例してクルマが売れたため、活動資金も潤沢にあった。この采配を揮ったのがミスターＫこと片山 豊さんである。レースが「走る実験室」と言われたのもこの時期で、１ヵ月かけて耐久テストをしても、サファリでは１日で壊れてしまい、日々、本社に連絡を入れて改善を行なったという。

ダットサンは世界中の過酷なラリーとレースに勝ち続けることで、丈夫で壊れず、しかも高性能というイメージを創り出した。石原社長に「ニッサンはダットサンの子会社か？」と聞くのも無理のない話で、それほどまでに「ＤＡＴＳＵＮ」は世界中の人々から親しまれ、愛された。

英国病に罹りつつあった
AJS 7R

AJS 7R：イギリス製／1962年
④129kg ⑤空冷単気筒SOHC 2バルブ ⑥349cc ⑦75.5×78.0mm
⑧12.0：1 ⑨42ps／7800rpm ⑪4段 ⑫テレスコピック／スウィングアーム

我々にとって憧れだったノートンやヴェロセット、AJSは、すでに全盛期の1950年代に英国病にむしばまれていた。彼らはそれでも世界GPへ挑戦し続けたが、その相手は、皮肉にも、第二次世界大戦で打ち負かしたドイツ、イタリア、そして日本であった。

AJSはジョセップ・スティーヴンスと4人の息子によって1897年に誕生した古参メーカーである。この時代はレースの結果が即販売につながったため、各社は果敢にレースに挑戦。なかでもAJSは群を抜き、1921年のマン島では350ccクラスの1位から5位を独占、続く500ccクラスにも350ccで出場し見事優勝を飾った。このレーシングマシーンが7Rの原型となり、AJS神話が始まった。

7Rの「7」は350ccを示し、当初からチェーン駆動のSOHCの350ccであった。この時代はインレットよりエグゾーストバルブのほうが大きいのが一般的で、吸気より排気ガスを出すことを積極的に行なっていた。54年の7Rはトリプルロッカーと呼ばれる3バルブだが、エグゾーストが2本で、インレットが1本。今とは逆の考え方であったのは、高温のガスを早く出してヘッドの温度を下げるためだった。実際にはその効果は少なく、冷たい混合気をたくさん入れたほうが燃焼温度は下がり、パワーは向上するのだが。

さらにAJSは、冷却性からシリンダーヘッドに熱伝導の良い銀を使って試作したこともあったが、さすがにコスト的負担の大きさから断念した。同時期、ヴェロセットはブロンズヘッドという銅製のヘッドを起こし、実際に市販していた。磨くと金色に輝き、なかなか格好いいが、その重さは半端ではなかった。

その後ノートンなどが複雑な構造のDOHCに進むなか、フィリップ・ウォーカーはパワー

だけでなく軽量化、コスト、メインテナンス、さらに燃費の良さを掲げ、チェーン駆動の2バルブSOHCを変えなかった。これが写真のマシーンだ。最終型は42馬力の安定した性能を発揮し、また他社より14kgも軽かったためコントロール性にも優れた。事実、マンクスは複雑な構造のDOHCゆえ本来の性能が発揮できずに、今の時代でも悩む人が多い。

クラブマンレースなら単気筒の7Rでも充分だが、ワークスとなると相手はイタリアのMVやジレラのDOHC4気筒である。AJSは威信をかけ2気筒の7Rポーキュパインを49年に送り出し、かろうじてチャンピオンに収まったものの、その後は敗退が続く。そして54年のスウェーデンGPでの優勝が最後となった。この時のライダーがロッド・コールマンである。

彼は今や70歳を過ぎたが、わざわざオーストラリアから我々の「タイムトンネルレース」に顔を出してくれる。そこでA級ライダーがハングオンで膝をすりながら走るのを尻目に、七十の爺さんがリーンウィズでトップを独走してしまうのだ。それほどに世界GPの王者は速い。

60年代になると英国病はさらに悪化し、二輪産業は完全に日本に取って代わった。病の原因は栄華を誇った帝国の驕りと怠惰である。その後サッチャー首相は強力なカンフル剤を打ったが時すでに遅く、MC産業の鼓動が止まった後だった。

それでも世界中のクラシックカーファンの多くが英国車を好むのは、栄光への残像だけでなく、そこには古い設備で頑固に作られたゆえに生まれた人間臭さが漂っているからだ。

日本の勇
メグロ・スタミナK1

MEGURO STAMINA K1：日本製／1960～1989年
①2150×900×1075mm ②1430mm ④190kg
⑤空冷並列2気筒OHV 2バルブ ⑥497cc ⑦66.0×72.6mm ⑧8.3：1
⑨33ps/6000rpm ⑩4.1mkg／4050rpm ⑪4段ロータリー（❶2.820 ❷1.870
❸1.290 ❹1.000） クラッチ：湿式多板 始動：キック ⑫テレスコピック／スウィングアーム ⑮3.25-18／3.50-18 ⑯155km/h ⑰29万5000円
製造：目黒製作所株式会社

1960年、国内最強マシーンが我々「カミナリ族」の前に現われた。メグロのテストライダーだった横内一馬がメグロのスタミナK1に臨番を括って登場したのだ。カミナリ族とは排気音をバリバリ響かせていたからそう呼ばれたのだが、実はバイク好きなロッカーたちだった。鋲を打った革ジャンにジーンズをはき、リーゼントヘアで決めている奴が多かった。

当時スピードが出せる場所は、吉田 茂首相が自宅から国会に通うために作った横浜新道しかなかった。そこは週末の夜になるとサーキットと化し、トライアンフ・ボンネビルを筆頭に、BSAゴールドスターなどがトップグループを形成し、私のメガフォンを付けたAJSモデル18Sはいつもしんがりだった。

保土ヶ谷交差点の信号が青に変わった瞬間、最初に飛び出すのが、ピックアップの良いトライアンフ勢だ。高速コーナーになると単気筒のゴールドスターがそれを交わすというバトルが続く。ＡＪＳは３５０㏄クラスでは最速だが、無制限の街道レースではなかなか追いつけない。今思えば、ワナワナする車体で、しかも暗くぼんやりしたヘッドライトで滅多やたらに飛ばしていたのだから、壁に貼りつかなかったほうが不思議なぐらいだった。

そこに分け入るようにスタミナＫⅠが現われた。５００㏄のＯＨＶバーティカルツインは、ＢＳＡシューティングスターを範としたもので、シリンダーのフィンの枚数もボア・ストロークも一緒で、部品さえも互換性のある瓜ふたつのものだった。違うのは圧縮比を７・25から８・３に高め、マグネトーの手動進角をバッテリー点火の自動に変え、出力は32・４hpに対してわずかに高い33hp／６０００rpmを確保していた点である。車体はループ型フレームを採用し、それまでの６５０セニアより25kgも軽い１９０kgに収

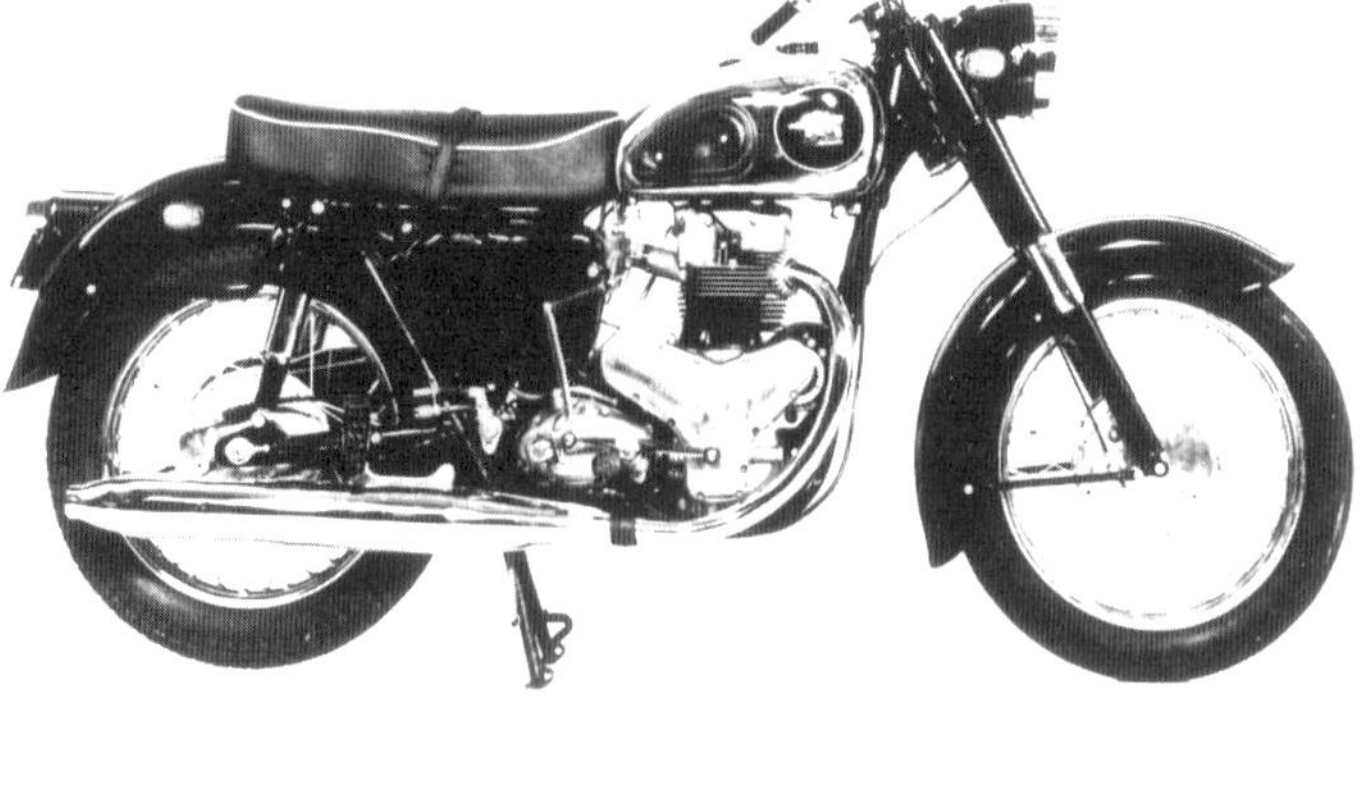

め、小柄で扱いやすいものだった。

そうはいってもゴールドスターは、500のシングルで40hp／7000rpm、車重はわずか140kgだから、スタミナK1がそれほど速いとは思えない。しかし街道レースは度胸で決まるところがある。またこの時のK1はまだ試作車で、いろいろと手を入れたスペシャルマシーンのようだった。そんなこともあって鮮烈な印象を受けた。

当時の白バイは、かわいそうなことに、20馬力のメグロZ7と、22馬力の陸王RQだったから、まったく蚊帳の外だったのだ。

このスタミナK1は、1960年の東京モーターショーで発表され、大注目を浴びた。しかし悲運なことに長期にわたる労使紛争が仇となって、目黒製作所は翌年の8月、カワサキに吸収されたのである。その結果、K1は1924年に創立した老舗の目黒製作所が最後に世に送り出した製品となった。

この目黒製作所は、私の自宅からほど近い目黒川沿いにあり、最後に訪れた時には漆喰の壁にインク壺が投げつけられ、机やロッカーはひっくり返り、足の踏み場もなかった。その後K1は、カワサキによって引き継がれ、カワサキ650W1に進化し、66年にアメリカ市場に向けて発表されたのである。無論、これを開発したメンバーは明石に移ったメグロの技術屋たちである。

いっぽう、純粋にバイクが好きな我々カミナリ族は、61年2月に開業した鈴鹿サーキットに自然に足が向くようになり、箱根を越え、東海道をひたすら鈴鹿に通ったのである。

扱いやすさが速さの秘訣

ドゥカティ749R／999S

DUCATI 749R／（　）内999S：イタリア製／2005年
①2095×710×1110mm　②1420mm　シート高：780mm
④183.5（186）kg　⑤水冷L型ツインDOHC　⑥749（998）cc
⑨121（143）ps／10500（9750）rpm　⑩8.6（11.4）mkg／8250（8000）rpm
クラッチ：乾式多板　⑮120/70ZR17／180/55ZR17（190/50ZR17）
⑯230km/h　⑰248万8500（267万7500）円

新装まもない富士スピードウェイで我々を待っていたのは、ドゥカティ・レッドとも言える、真紅に塗られた749Rと999Sだ。綺麗に磨き上げられ、まぶしく映るこの2台は、世界スーパーバイク選手権で10年以上もトップの座に君臨し、勝利への公式を体現したマシーンである。

いや、そんなことを知らなくても、この2台からは只者でない雰囲気を感じとれる。それはレーシーでありながらモダーンアートのようにも見え、部品の隅々まで入念に作り込まれている。マシーンの前にしゃがみ込むと、いつまでも見入ってしまうほどだ。このデザインを手掛けたのは、ドゥカティのチーフデザイナーであるピエール・テルブランチである。そこには国産のスーパーバイクにない品格があり、男の本能を揺さぶる力がある。

跨るとやや高めのシートだが、走り出せばスリムな車体はそんなことを忘れさせ、非常に扱いやすい。足をガニ股にすることもなくアウト側の膝をタンクに押し当てるだけで、強烈なマシーンをいとも簡単にコントロールできる。考えてみればドゥカティのL型ツインは単気筒の幅しかないのだから、スリムなのは当然のこと。だからタイトなS字コーナーでも250cc並に切り返しができる。回頭性が良いのは、ホイールベースが先行車種の750SS（P・77「ドゥカティ750SS」の項参照）から100㎜も短縮され、1420㎜へと標準的な値になったからだ。

素晴らしい点はいくつもあるが、そのひとつがフリクションの少ないオーリンズのサスペンションである。初期応答が滑らかなため接地性がすこぶる良い。そのサスペンションの良さを引き出してくれるのが、ドゥカティ特有の鋼管トレリスフレームである。ゆっくり走っても高

剛性であることが伝わってくる。また扱いやすさはエンジンも同様で、レース用に対応させた749Rですら低中速のトルクが厚く、予想を裏切るかのように滑らかでマイルドである。

少し前までのレーシングマシーン（四輪）は、硬いサスペンションに重いステアリングなど、すべてがスパルタンだった。もしステアリングが重い！なんて言おうものなら、軟弱な男と見下されてしまうため、昔はよく腕立て伏せをやったものだった。最近はまったく逆で、速いマシーンほど快適で疲れにくい。それはドライバーが疲労すると速く走れないからだ。749Rの扱いやすさもまさにそのとおり、これが速さの秘訣で、安全にも繋がっている。

では兄貴分の999Sはと言うと、749Rとほぼ同じ車体に250ccも大きいエンジンを積んでいるため、極低速からもスロットルに追随し、当然パワフルな走りが可能である。


143馬力のハイパワーは、コーナーで楽にパワースライドに持ち込むことができ、ブラックマークを残しながらフロントタイアを持ち上げて猛ダッシュする……。そんなできもしないシーンが勝手に頭を横切り、いつの間にかMotoGPでドゥカティに優勝をもたらしたケーシー・ストーナーになった気分だった。

すっかりその魅力にはまり込み、その気になって価格を見ると249万円也である。1人用のバイクでこの価格は高いかもしれないが、二輪のフェラーリだと思えばマラネロのわずか10分の1に過ぎない。さぁ、どうしよう。

暗い時代に爽快な赤い
マツダ・ファミリア

MAZDA FAMILIA：日本製／1980〜1985年
【1980年式XG】①3955×1630×1375mm ②2365mm ③1390／1395mm ④820kg ⑤水冷直列4気筒SOHC ⑥1490cc ⑦77.0×80.0mm ⑧9.0：1 ⑨85ps／5500rpm ⑩12.3mkg／3500rpm ⑪4段MT ⑫マクファーソンストラット＋コイル ⑬ラック・ピニオン ⑭ディスク／ドラム ⑮175/70SR13

1980年に発表されたファミリアをご記憶だろうか。台形の格好をし、赤いXGが超人気だった初代FFファミリアだ。私が初めて副主査としてプロジェクトを担当したクルマで、空前の大ヒットとなった。

発表されるや、誰もが台数や売り上げを気にするが、私自身はそんなことよりもどんな人がどんな顔をして乗っているかを見るのが楽しみで、会社の帰りも休みの日も見て廻っていた。ある時、真っ赤なXGを覗くと、後席に籐のバスケットが置かれ、生後間もない赤ちゃんが寝ていた。XGはサーキットも走れるように足をギンギンに固めたもので、それを乳母車代わりに使うとは考えてもいなかった。その赤ちゃんも今や29歳だから、さぞかし元気なことと思う。

このファミリアの開発にあたって、私は人を爽快な気分にさせようと考えた。というのも当時はオイルショックの影響で日本中が暗く、マツダも大打撃を受けた時だったからだ。爽快な気分にするために、高剛性でクイックなステアリングや、短いレバーでスパスパ決まるギアシフト、さらにはツイード生地を配したラウンジシートなどすべてを同じ方向とした。

その時にフロントウィンドーの大きさが人を爽快な気分にすることに気がついた。実はウィンドーが物差し的な役目をし、大きめで適切な位置にあるとしっかりしたクルマに感じ、胸を張って気持ち良く乗れる。逆にMG－Bやジャガーのように狭いウィンドーは、そこからの景色が額縁で切り取った絵のように映る。シトロエンのC4ピカソとなると、パノラマの絶景が目の前に広がってくる。クルマからの景色は、誰と乗るかもあるが、ウィンドーのサイズと位置によって七変化するのだ。

完成したファミリアは、音はうるさく乗り心地も硬かったが、ユーザーから「ついつい嬉し

くて遠回りして帰るようになりました」や、「リアゲート横の工具ボックスに気づき、親切な設計に感銘しました」という、作り手冥利につきる手紙をいただいた。それは国内からだけでなく、ドイツやオランダのユーザーからもだ。そんなこともあってか、第1回の「日本カー・オブ・ザ・イヤー」に輝き、販売も計画の何倍もの勢いで売れ、世界中で大ヒットとなった。

笑い話ではないが、お客がトヨタのディーラーでXGが欲しいと言い、近くのマツダ店を紹介してもらったというエピソードもあった。なにしろ他社がファミリアのそっくりさんを作るほどだったのだから。

自慢するわけではないが、このファミリアの軽快で楽しいハンドリングの味が各社に広まり、このフィールがこの時からマツダのDNAとなった。フットワークの良いハンドリングが実現できたのは、ユニークなSSサスペンションによるものだが、実はトリックがあった。それはステアリングのユニバーサルジョイントが発するサインカーブの頂点にステアリングセンターを合わせたのだ。そうすると切れ上がるようにステアする。これがクイックで爽快な味を生んだのである。

マツダは79年のオイルショックで大打撃を受け、海外テストなど行なえる状況ではまったくなかった。しかし史上空前の大成功をもたらしたのは、狙いにブレがなかったことはもちろん、わずか十数人のプロジェクト・メンバーが優秀で、目標に向かって一糸乱れぬ行動が取れたからである。その結果、オイルショック後の暗い時代に、陽光を感じさせる爽快感を作り出すことに成功し、マツダを窮地から救い、時代の申し子のように社会に受け入れられたのである。

四の章

鮮やかな青春の残像

アメリカの青春
フォード・マスタング

FORD MUSTANG：アメリカ製／1964～1968年
【1964年式コンバーティブル】①4612×1732×1298mm　②2743mm
③1407／1422mm　④1200kg　⑤水冷V型8気筒OHV　⑥4728cc
⑦101.6×72.89mm　⑧10.5：1　⑨271hp／6000rpm　⑩58.2mkg／3400rpm
⑪4段MT　⑫ダブルウィッシュボーン＋コイル／リジッドアクスル＋リーフスプリング　⑭ドラム　⑮185-14

マスタングが誕生した1964年、世界中が好景気に沸いていた。日本でもロックンロールが流行り、アイビールックが格好良く、女の子はペティコートで丸くふくらんだスカートを履き、ポニーテールに結った髪がジルバのステップで揺れ、誰もが明るく華やいでいた。

ちょうどこの頃、ひとりプロペラ機でヘルメットを片手に米国に渡った。シカゴで大型バンとトレーラーを借り、レース用のバイクを積み、延々と続くフリーウェイをフロリダまで、レース場を廻りながら縦断した。肉汁のしたたるハンバーガーをかじり、コーラをラッパ飲みしながらひた走る。日本では味わえない旨さと果てしなく広がる大地があった。その大地を発表したばかりのマスタングが幌を降ろして太陽の下を闊歩していた。アメリカがもっとも元気だった時だ。

小さな町にもレース場があり、週末にはお父さんが息子の乗るバイクを整備し、お母さんがサンドウィッチを広げ、レースを楽しむ。当時の日本では考えられない光景だ。では自分はというと、日本ではソコソコのつもりでも、ここでは歯が立たない。レースだけでなく食事も家もクルマも、すべてのスケールが違っていた。地平線の見える大地とではおのずと価値観が違うことを思い知った。

本題に戻ろう。それまでのアメリカにはスポーツカーの文化がなかったが、第二次世界大戦で米兵たちが小粋なクルマを目にしたところから始まった（P・174「MG－B」の項を参照）。それを受けて53年にコルベットが、55年にサンダーバードが発表され、さらにコンパクトカーも生産されるようになった。

当時フォードの副社長だったリー・アイアコッカは、自身がリーダーとなりマスタングのプロジェクトを発足。狙いを次のように定めた。「戦

後のベビーブーマーは、まだ自分でクルマを買える歳ではないが、クルマを決める際の発言力は高い。そういった世代をターゲットにする」またコストを抑えるためファルコンのプラットフォームを流用。エンジンを後ろにずらして、ロングノーズ・ショートデッキのスポーティで力強いスタイルを実現する。

その狙いは的中し、パーソナルスポーツという新たなジャンルを切り開き、華やいだ時代の空気に乗って、マスタングは米国自動車産業で戦後最大のヒット作になった。初期型は日本の5ナンバー枠に近いサイズで、2ドア・ハードトップとコンバーティブルが用意され、秋にファストバック・クーペが追加された。後席を畳めば旅行用の荷物が積めるグランドトゥアラーである。好みによって2・8ℓの直6から、ホットバージョンのV8 4・6ℓ 4段フロアシフトまでが選べた。

シェルビーがチューンしたマスタングは、アメリカ人が好む「力強さへの憧れ」という志向を捉えた超人気モデルだった。〝ゴッゴッゴッ〟というドスの効いたV8のビートと固められたサスペンションは、人を否応なく誘惑の世界に引きずり込んだ。別にシェルビーでなくとも、ちょっと不良ぽくなった67年型の2代目もいい。

マスタングは全米で大ヒットしただけでなく、欧州や日本にも飛び火し、〝スペシャリティカー〟というジャンルを作った。カプリがまさしくそうであり、日本でも70年のトヨタ・セリカ、その後に三菱ギャランGTOやニッサン・シルビア、マツダ・コスモと続いた。

アイアコッカは貧しいイタリア移民の子であったが、プリンストン大学で修士号を得て、フォードに研修生として入社した。勤勉でアグレッシブであり、「35歳までに副社長になる」と宣言して、それを実現したのである。

テールフィンを高々と掲げた
プリマス・フューリー

PLYMOUTH FURY：アメリカ製／1956〜1961年
【1957年式】①5232×2017×1359mm ②2997mm ⑤水冷V型8気筒OHV ⑥5211cc ⑦99.31×84.07mm ⑧9.25：1 ⑨290hp／5400rpm ⑪3段MT ⑫ダブルウィッシュボーン＋コイル／リジットアクスル＋リーフスプリング ⑬ボール循環式 ⑭ドラム ⑮8.00-14 ＊3ATはオプション装着。

学生時代に『レッドライン7000』という映画が公開されたばかりのマスタングでストックカーレースに挑戦。練習を重ね、最後に栄光を勝ち取るという、いかにもなアメリカンヒーロー的映画だった。ダートトラックでフルパワーを与えたタイアはアウトに流れ、リアのバンパーが観衆のぶら下がるフェンスを擦りながら抜けていく。ドスの利いたレーシングビートとバンパーの擦る金属音が交錯し、実に官能的だった。

その頃、川口のオートレース場は、まだダートでストックカーレースが行なわれていた。それに挑戦しようとマシーンを作り始めた。もちろんマスタングなど買えるはずはなく、9年落ちのフューリーだ。テールフィンを誇らしげに掲げたスタイルは格好よく、V8の5・2ℓは7・0ℓモンスターには敵わないものの、軽い車体と広いトレッドでポテンシャルが高く思えた。

このフューリーを、金を使わず戦闘力あるものにしようと、ない頭をぐるぐる回した。まずサーモスタットを外し水温を下げ、次に排気管をドアの下から突き出した。サスペンションはコイルを万力でひと巻きだけ圧縮して電気で溶接。バネを25㎜短くすると車高は50㎜も下がった。リアサスペンションの改造は簡単で、リーフの前側ピボットから150㎜ぐらいのところをガスで炙ると、リーフが自重でグニャと曲り、曲ったところがフレームに当たる。そこが支点となりバネレートが上がり車高も下がった。

　苦労したのはデフロックである。思案の末、ピニオンとサイドギアの間にナットを入れて溶接。これで完全に直結になった。最後に内張りを剥がし、ロールバーを溶接。4点式ベルトをシャシーに括った。ルーフにゼッケンを入れると、薄らでかい車体は派手なカラーリングも手伝い、まさにアメリカンストックカーそのものだった。

　臨番を括り付け試運転に出かけたが、とんでもないことが起きた。なにしろ全幅が2mもあるため、住宅街ではニッチもサッチもいかない。デフを完全にロックしたため、どこの路地も

曲れないのだ。リーフが軋み、車体がギシギシ鳴き、タイアは断続的に空転するも一向に曲ろうとしない。

レース本番、左回りの800mコースはすでに散水も完了。選手紹介の後、日章旗が振り下ろされ、ポールからスタートを切った。グルグル回る軽いパワーステアリングを手のひらで一気に回し、アウトからフルパワーでノーズをインへ。向いた瞬間フォークリフトのように戻す。非力なマシーンでもなんとか独走体勢を固めた。ヨシ！これで行ける。とその瞬間、あのアメリカンヒーローが頭を横切った。

コースは映画と同様に観客席はフェンスで仕切られている。が、だいぶ遠い。それでも頭の中のヒーローはフェンスまで行けと言う。ラインを変えてフェンスに向かい、その手前でフルパワーをかけた。するとデフロックが威力を発揮し正確に後輪を押しだし、長いオーバーハングの先に付いたメッキのバンパーがフェンスを擦り、観客は一斉に飛び散った。スタンドは総立ちのフィーバーだ。次の周もバンパーで火花を飛ばすと、観客はヤンヤの声援を贈ってくる。

はしゃいでいる間に2位のオールズが背後に迫ってきた。それをブロックしながらコーナーに入った瞬間、エンジンブローで停まっていたビュイックにノーブレーキで激突。2台とも車体をくの字に曲げ、私は意識を失った。

この時代、テールフィンを高々と掲げたフューリーは、アメリカの、また自由の象徴でもあったのだ。プリマスのテールフィンを追うように、翌年キャデラックも採用し、クロームはますます輝きを増した。この時代のアメリカ車は、移動の道具としてでなくアメリカ文化を色濃く反映するものだった。しかし高くそびえ立つテールフィンは、次の時代を指し示すことができず、この時代を最後に終焉に向かうのである。

世界を驚嘆させた

ホンダ・ベンリィ CB92

HONDA BENLY CB-92：日本製／1959～1964年
①1875×595×930mm ②1260mm ④110kg ⑤空冷並列2気筒SOHC
⑥124cc ⑦44.0×41.0mm ⑧9.5：1 潤滑：ドライサンプ ⑨15hp／10500rpm
⑩1.06mkg／9000rpm ⑪4段リターン クラッチ：湿式多板 始動：セル＆キック
⑫ボトムリンク／スウィングアーム タンク容量：15ℓ ⑯130km/h
⑰15万5000円 延べ生産台数1万5500台

数あるメーカーのなかで、ホンダほど異彩を放ったメーカーはない。多くのメーカーが海外ものをコピーしたが、ホンダは独自の道を歩み、神社仏閣の意匠から生まれたという端正なバックボーンフレームに、高度なメカニズムのエンジンを積んだ。その代表格が、ベンリィCB92である。これは次に紹介するCR71同様、1959年8月の「第二回全日本クラブマンレース」に出場するために、そのわずか3ヵ月前に発売された。その目的はただひとつ、ヤマハYA－1を潰すことだった。

YA－1は、ご紹介したように発売5ヵ月後の「富士登山オートレース」に優勝し、続けて「第一回浅間高原レース」では1位から4位までを独占した。ホンダはこの雪辱を果たすべくCB92を作ったのである。考えてみると「H・Y戦争」は、この時から始まっていたと言えよう。

アサマ用に作られたCB92はとてつもない性

能で、2気筒SOHCの125ccは1万5000rpmで15馬力を発揮した。これは他車の2倍の回転数と出力に相当し、先進的なメカニズムは世界からも驚異の眼で見られた。

武士のような毅然とした雰囲気を醸し出すスタイリングで、四角いライトの上にはアクリルの風防が付き、ドクロ型のアルミタンクは多くの人を虜にした。

このスーパーマシーンはアサマの対象者、いわゆるホンダスピードのメンバーに渡された。レース当日、125ccクラスのエントリーは40台、うち24台がCB92、12台がYA-1だった。まさにホンダ対ヤマハである。その中のひとりにCBに乗る無名の新人、北野元がいた。彼は比類なき才能を発揮し、125ccクラスでファクトリーを押さえて優勝、続けて耐久レース、さらに250ccクラスではCR71を駆って、なんと3タイトルを手中にした。

私は貧乏学生の分際にもかかわらず、バイトで稼いだ金で中古のＣＢ92を手に入れた。なにしろ大卒の初任給が1万５０００円の時代に新車は15万５０００円もしたのだ。このマシーンには、長いディフューザーなどのレースキットも付いていた。

第二回のアサマには出場しなかったものの、これをモトクロッサーにして各地を転戦した。ボトムリンク・サスペンションはモトクロスに向いているとは言えず、また最大トルクが９０００rpmのエンジンは常に半クラッチとシフトを繰り返し、狭いパワーバンドを駆使して走らなければならない。癖の強いマシーンは連戦連勝したがっているようだが、ライダーがイマイチで成績はパッとしなかった。それでもブリヂストンから声を掛けていただき、第三回のアサマにＢＳチャンピオンで出場した。

ちなみに「ＣＢ」が「クラブマン」を意味しているように、ホンダがいかにクラブマンレースで勝ちたかったかがわかる。このマシーンはライダーにも根性を叩き込んでくれ、ドクロ型タンクにムスコを叩きつけて、息が止まるほどの苦しみを味わった人が多かった。ラバーの下のアルミタンクがムスコの形に凹んでいるのはライダーの勲章でもあった。

その後ＣＢ92は、レース領域をＣＲ93にバトンタッチし、スポーツモデルに役目を変えた。そのため初期のアサマ用のみが、抜きん出た性能であったが、他はスペックも材質も別物であった。そうは言ってもＣＢ92は、64年までの5年間に1万５５００台が作られ、今も熱狂的な愛好家に可愛がられている。

ホンダのモータースポーツの歴史は、ＣＢ92から始まったといっても過言ではない。この高回転型エンジンの考え方は、一世を風靡し、今もなおＭｏｔｏＧＰやＦ１に繋がっている。

荒武者の
ホンダCR71

HONDA CR71：日本製／1959年
①1920×620×970mm　②1300mm　④135kg　⑤空冷並列2気筒SOHC
⑥249cc　⑦54.0×54.0mm　⑧9.5：1　潤滑：ドライサンプ　⑨24ps／8800rpm
⑪4段リターン　クラッチ：湿式多板　始動：キック　⑫ボトムリンク／スウィングアーム　⑮2.75-18／3.00-18　タンク容量：15ℓ　⑯150km/h　⑰23万円
延べ生産台数40～50台

大学時代は常に7～8台のバイクを抱えてレースに明け暮れ、ろくに勉強もしなかった。レースに必要な軍資金はバイトで稼いだ。なかでも自動車会社のラインから上がった裸のトラックを陸送するのが一番良く、バイト代は大卒初任給の10倍もあったのだ。そんな学生だったが、落第することもなく真面目に就職して、いただいた給料は2万円。しかしその金には、バイトの金とは違う価値があった。

バイクはレーサーが多く、正規のナンバープレートが付いたものは1台もなかった。今では考えられないが、くず鉄屋で拾った3枚のプレートを順繰りに使い回していた。CR71はテールライトもないので、ナンバーを腰に針金で括っていた。このCR71が59年の「第二回全日本クラブマンレース」で優勝するために作られたマシーンである。目的は前述のCB92と同様、ヤマハを潰すことだった。

この決戦の場である「浅間高原自動車テストコース」の設立目的が奮っている。「二輪車工業の発展のためにオートバイの信頼性を高め、国際レースへの足掛かりとし、輸出を拡大すること」とあり、56年に日本最初のサーキットとして誕生した。ところがマン島ＴＴへの足掛かりのはずが、路面は火山灰である。ここで練習してマン島で6位に入ったホンダの谷口尚己さんは、コーナーではダートのつもりでついつい足を出してしまったと、その違いに嘆いていた。

ＣＲ71は、これぞ最強マシーンという面構えで荒武者のような雰囲気を醸し出していた。中身も荒武者そのもので、２５０㏄ツインは24馬力を発揮し、クロームモリブデンのバックボーンフレームにはボトムリンクのサスペンションを備え、ブレーキドラムにはマグネシウム合金を採用、車両重量は１３５㎏だ。

エンジンは市販車のＣ70を高度にチューンし、

カム駆動をチェーンから平歯車に変え、オーバーラップの大きいカムには高価なステライトが盛られていた。ピストンクリアランスも大きく、エンジン音はサウンドなんていう可愛いものではなかった。

前に踏み降ろす独特なキックでエンジンを掛けると、キーンというギアノイズとガシャガシャ音が絡み、かなりうるさい。スロットルを開けパワーバンドに近づくと、ガウォーッという猛獣の雄たけびのような音が辺り一面に鳴り響きわたるのだ。操縦性は立ちが強く、まさに野獣そのものだった。

生産台数はわずか40～50台と言われ、それをCB92と同様、ホンダスピードのメンバーに渡し、残りを一般のレース出場者が購入。価格は23万円で他車の2倍である。レースは1周9・351kmコースを5周。路面は火山灰のためマシーンは、セミアップハンドルにブロックタイアだ。結果はCR71が1／2／4／5／6／8位と上位を独占、ヤマハ勢は野口種晴が250Sで3位に食い込んだだけだった。

レースが終了すると、出場者には新型のCB72が渡され、CR71は引き取られていった。そのため現存するマシーンはわずか2台であるという。その1台が私の手元にあったのだから、今、残っていればとつくづく思う。

この時代のバイクやクルマは、どれも今より個性的だった。それは「個性あるモノは個性ある人から生まれる」からである。その個性ある代表が本田宗一郎だ。彼はスーパーカブからF1まで数多くの魅力的な作品を世に残している。その宗一郎の原点は、アート商会の徒弟時代に作り上げたカーチス号（*）だが、私にはこのCR71もそのように思える。

＊米国カーチス製の航空機エンジン8・2ℓを搭載したスペシャルレーサー。

熱い血潮の
アルファ・ロメオ
ジュリア・スプリントGT

ALFA ROMEO GIULIA SPRINT GT：イタリア製／1963〜1966年
①4076×1587×1320mm ②2350mm ③1310／1270mm ④950kg
⑤直列4気筒DOHC ⑥1570cc ⑦78.0×82.0mm ⑧9.0：1
⑨106hp／6000rpm ⑩14.2mkg／2800rpm ⑪5段MT ⑫ダブルウィッシュボーン＋コイル／トレーリングリンク＋コイル ⑬ボール循環式 ⑭ディスク
⑮155SR15

アルファ・ロメオほど魅力的なクルマを数多く世に送り出したメーカーはないだろう。なにしろ戦前までは、レース活動の資金源として市販車を作っていたというのだから、いかにモータースポーツ中心であったかがわかる。だからアルファはどれに乗っても熱い血潮を感じる。

この血潮のひとつが、白い三角形に四つ葉のクローバーを組み合わせたステッカーだ。今も時折「クアドリフォリオ」を貼ったアルファを見掛けるが、これは幸運を呼ぶシンボルの意味がある。というのは１９２３年のタルガ・フローリオに出場する際、トップドライバーだったシヴォッツィの発案で貼ったところ、見事に優勝。それ以降、お守り的な意味を持って、コンペティションモデルにこのマークを貼るようになった。

アルファには好きなモデルが数多くある。エルコーレ・スパーダがデザインしたＳＺやＴＺ

の魅力は痺れるほどだし、これを発展させたティーポ33／2は、筆舌に尽くしがたいくらい美しい。四角いボディのジュリア・スーパーは、思いっきりロールするが、それでいて結構速い。水平対向のスッドも元気だったし、１５５もそうだった。１５６の発表の時は、世界中から絶賛の拍手が贈られ、我が家もつられて１台買ってしまったほどだ。

そのなかでも63年のジュリア・スプリントＧＴは大成功を収めた。大ヒットした理由は、全長４ｍの小さなボディにフル４シーターとトランクを配し、卓越した運動性能を備えていたからだ。そのボディは当時ベルトーネにいたジウジアーロが担当。彼はライトを寄り眼にして、ノーズパネルとボンネットの間に段差をつけるという独特の手法を取った。そんなことから日本では「段つき」という愛称で親しまれている。

ＤＯＨＣの１５７０ccは１０６psを発生し、

最高速度は180km／hにも達した。その後、1300／1750／2000ccが追加されたが、ジュリア・スプリントGTの名を高めたのはGTAである。〝A〟とは「alleggerita」、すなわち軽量化を意味しており、外板をアルミに変えて、なんと205kg減の745kgだ。さらに100kgの軽量化と、220psまでパワーアップしたGTA－SAは、ヨーロッパ・ツーリングカー・レースで連戦連勝を重ねたのである。

そんな写真でしか見ることのできないシーンに憧れて、ポンコツのスプリントGTを手に入れ、レストアすることにした。前後のガラスを外してホワイトボディとし、腐ったフロアは原型どおりにビードも作って張り替えた。その上のメルトシートもぬかりはない。フロアマットも原型どおりにかがりミシンを掛け、日焼けして破れたシートはベテラン職人に貼り替えてもらった。メッキも掛け直し、そして深紅のアルファ・レッドに塗ったボディにクアドリフォリオのステッカーを貼った。

あとは点火時期を5度進め、ウェバー・キャブレターの調整をすると、ツインカムのエンジンは本領を発揮し、アルファの快音を響かせた。950kgの軽い車体と2350㎜の短めのホイールベース、それにピックアップの良いエンジンとの組み合わせは、小気味よく痛快な走りをもたらした。155という細いピレリ・チンチュラートも過不足なく、綺麗にラインをトレースする。

このGTはまさにユーノス・ロードスターの4シーター版であると言える。実はM2（マツダの情報発信基地）時代、こういったクルマの影響を受けて、ユーノス・ロードスターの2＋2クーペを試作したことがある。もし今の時代にこのような楽しいクルマが復活すれば、低迷しているクルマ業界にも陽が差すかもしれない。

真面目すぎた
三菱500

MITSUBISHI 500：日本製／1960〜1962年
【1960年式】①3140×1390×1380mm ②2065mm ③1180／1170mm ④490kg ⑤強制空冷2気筒OHV／4サイクル ⑥493cc ⑦70.0×64.0mm ⑧7.0：1 ⑨21ps／5000rpm ⑩3.4mkg／3800rpm ⑪3段MT ⑫トレーリング・ロッカーアーム／トレーリングアーム＋コイル ⑬ラック・ピニオン ⑭ドラム ⑮5.20-12 ⑯90km/h ⑰39万円

1960年、日本は好景気に沸き上がり、水原弘の『黒い花びら』、森山加代子の『月影のナポリ』、スリーキャッツの『黄色いさくらんぼ』が大ヒットを飛ばしていた。いっぽうローマ・オリンピックが行なわれ、次の東京に向けて日本の体操が金メダルを総なめにした年でもあった。

人々は豊かさの象徴であるクーラー、カラーテレビ、カーに憧れ「3C時代」に突入。庶民の足も自転車オートバイからクルマへと大きく移り変わる時代だった。前述のマツダのR360クーペ、縦目のセドリック、そしてコロナが生まれた年でもある。

この同じ年に、国民車構想の名のもとに三菱500も生まれた。ドイツでは戦前から国民車構想があり、ヒットラーの命で誕生したのが、前述のフォルクスワーゲンである。

この三菱500はドイツのゴッゴモビルを参考にしたものと思われるが、なかなかしっかりした作りだった。スリーサイズは３１４０×１３９０×１３８０㎜と小さく、今の軽自動車に比べても全長で２６０㎜、幅で85㎜も狭い。車重はわずか４９０kgで、ちょうど半分だ。

リアに積まれたエンジンは、空冷２気筒ＯＨＶの５００ccで21ps。それでも軽い車体が功を奏し、結構元気に走ってくれた。走るといっても最高速度は90km／hである。ギアボックスはフロアシフトの３段で、翌年から人気のコラムに変わったが、ローギアにはシンクロが付いていないから、ダブルクラッチが必要だった。

燃費は非常に良くカタログ上では30km／ℓ、ハイブリッドのホンダ・インサイトと同じである。そのためガソリンタンクには20ℓしか入らない。タンクにはリザーブコックが付いていて、ガス欠になるとコックを切り替えてスタンドまで行くことができる。翌年からフューエルメーターが取り付けられ、カタログには「非常に贅

沢ではありますが、ガソリンメーターを装着しています」というくだりがあった。

　初期型のインテリアは非常に簡素で、小さなスピードメーターのみが付き、ヒーターすらオプション。そのヒーターは空冷エンジンの冷却風をキャビンに入れるものだから、室内はエンジンの焼けた臭いがした。反面、三菱らしいのは、複雑な鍛造品のフロント・サスペンションやUジョイントをふたつ持ったリアアクスルなど、メカニズムには惜しみなく金を掛けたことだ。

　三菱５００はこのようなクルマであったため、2年後に発売されたコルト６００も含め、販売は不振だった。おそらく〝イケイケドンドン〟の時代であったから、「真面目」だけではダメで、人々は立派に見えるデラックスなものを望んでいたのだ。しかしこのミツビシらしい質実剛健な作りに共感する。

　この頃はラリーが盛況で各地で盛んに行なわれていた。学生の分際だった我が貧乏チームは、三菱からコルト６００やコルト１０００を借り出し、もっとも過酷な「ノンストップ１０００kmラリー」に出場した。優勝していただいた賞品は、なんとドラム缶1本、ガソリン２００ℓだ。チケットでもらうのとは違い、実にリアリティがあった。

　60年代は、長い我慢の時代から開放され、庶民も頑張ればクルマに手が届き、希望に満ちた時代だった。遊びにもリアリティがあり、それが今とは違う健康的な社会を作り出していたように思う。

日本最古のメーカーが生んだ

ダイハツ・ミゼット

DAIHATSU MIDGET：日本製／1957～1972年
【1957年式DKA型】①2540×1200×1500mm ②1680mm ③R：1030mm ④306kg ⑤強制空冷単気筒／2サイクル ⑥249cc ⑦65.0×75.0mm ⑧6.2：1 ⑨8hp／3600rpm ⑩1.8mkg／2400rpm ⑪3段MT ⑫コイル／半楕円リーフスプリング ⑭ドラム ⑮5.00-9 ⑯60km/h ⑰19万8000円
延べ生産台数：31万7000台

日本車は海外から技術を導入し、欧米より遅れて生産が開始されたように思われがちだが、1904年に山羽虎夫が蒸気自動車を誕生させ、1907年にはダイハツの前身である発動機製造と東京自動車製作所が設立された。T型フォードが生まれる5年も前のことだ。ちなみに日産の前身である快進社が1911年、三菱が17年、31年にマツダ、33年にトヨタ。新しいところでは、ホンダが46年、いすゞが49年、富士重工が53年、スズキが54年の設立である。

2007年、この日本最古の自動車メーカー、ダイハツの100周年記念イベントが行なわれた。場所は大阪池田市のダイハツ町本社。なんと町名までダイハツなのだ。社名の由来を伺うと、大阪の「大」と発動機の「発」をとって51年にダイハツ工業に変わったという。

100周年を記念して作られたミュージアムの正面には背の丈を超える巨大なエンジンが置

かれていた。なんと1万400ccの単気筒だ。当時、ダイハツは内燃機関の国産化を目指して多くの動力用エンジンを作っていた。

この他にミュージアムには66年の日本グランプリで優勝したP－5や、ヴィニャーレが製作したスポーツカーもあった。しかし一番輝いていたのは三輪トラックとミゼットである。オート三輪は戦後の復興期の立役者で、長い材木や鋼材を満載し、狭い路地を直角に曲がって走り回っていた。

当時は三輪トラックのメーカーが、くろがね、みずほ、三菱、マツダ、愛知機械のジャイアント……と林立していた。特にダイハツはエンジンが丈夫で、急な坂道も登れるという定評があった。ところが荷物を積み過ぎた三輪トラックは、坂道で前輪を持ち上げ尻餅をつき、立ち往生してしまう。それを我々通行人が助けるという微笑ましい光景があちこちで見られたものだ

った。

この大型化するオート三輪と二輪の間を狙って1957年に誕生したのがミゼットである。技術部門の担当役員・藪 健一が市場調査をした結果から生まれたというが、彼は時代の空気を読む力があったに相違ない。それはクルマが活き活きしているからだ。31万7000台も売れたミゼットは、米や醤油、ビール瓶を積んで路地から路地を走り回り大活躍した。町内を活性化させた人気もので、日本経済を支えたヒーローでもあった。

ミゼットは、日本のモータリゼーションの先駆け的な役割を担っていた。そんなこともあって1960年の乗用車生産台数は、前年比2・1倍増という未曽有の記録を示した。現在のように毎年前年割れを続ける国内販売からは考えられないことだ。

初期のDKA型はバーハンドルの1人乗りでドアもなく、全長は2540㎜しかない。エンジンは2サイクルの250cc 8馬力である。それに300㎏もの醤油瓶や米などを積むことができた。62年には丸ハンドルの2人乗りとなり、エンジンも305ccまでボアアップされた。最高速度は2㎞／hアップの62㎞／hとなった。映画『稲村ジェーン』に登場したのが、このMP型である。今、これを電動に改造したら、エコ時代にぴったりのコミューターになる。

ミゼットは日本の原風景として軒の低い木造家屋と共に我々の脳裏に刻まれている。先日、この時代をまったく知らない小学生が、昭和初期の民家を見て「いいなぁー！ こんな家に住みたいなぁー！」なんて言っていたが、人は技術が進化しても心に響く原風景に心惹かれるものなのだと思った。

映画のヒーロー
トライアンフT120 ボンネビル

TRIUMPH T120 BONNEVILLE：イギリス製／1959～1989年
④183kg　⑤空冷並列2気筒OHV 2バルブ　⑥649cc　⑦71.0×82.0mm
⑧8.5：1　アマルツインキャブレター　⑨46ps／6500rpm　⑪4段
フレーム：クレードル型　⑫テレスコピック／スウィングアーム　⑯177km/h
＊フライホイールを中央に置き、アルミのコンロッドを採用。

スティーヴ・マックィーンの『大脱走』やマーロン・ブランドの『暴れ者』の映画をご存知の方は多いことと思う。その中で大活躍したトライアンフは、時代の格好良さを象徴していた。細身の車体は力強さと繊細さを併せ持ち、バーチカルツインのピックアップは官能を揺さぶり、鼓動はハラワタに染み渡った。そこには今のハイテクを駆使しても凌駕しえないものがある。

この『大脱走』に登場したトライアンフは、650cc OHV2気筒のタイガー110である。その後、チューンナップ版のトロフィーとT120ボンネビルが生まれ、この2台は長いトライアンフの歴史の中で頂点を飾った。

T120というモデル名は最高速度が120マイル（193km／h）出ることを示しており、当時はジャガーもXK120／140と同様の名づけ方をしていた。ちなみにトロフィーは、国別対抗トライアル「ISDT」で、スピードツインを駆ける英国チームが1948年に優勝し、トロフィーを獲得したことから名づけられたものだ。また59年に登場したボンネビルは、米国ソルトレイクの最高速度チャレンジでタイガー110のエンジンを積んだストリームライナーが310㎞/hという偉業を成し遂げたことを記念して命名されたモデルである。

この世界の範となったエンジンは、シングル全盛の時代にエドワード・ターナーがスピードツイン用に1937年に誕生させたものだ。単に高性能であるだけでなく、生産性を最優先し、それまでの250ccエンジンをふたつ組み合わせた設計だった。

ターナーは優秀な設計者であると同時に洞察力にも長けていた。終戦直後、彼が訪れたアメリカは、戦争の被害をまったく受けず活気に満ち、二輪車は340kgもあるハーレーしか走っていなかった。そこで彼は、運動性能が高く鮮

やかなカラーリングに仕立てたスピードツインを送り込めば、必ず成功すると考えたのだ。彼の考えは的中し、大成功を収めたのである。それに追随して他の二輪、四輪メーカーも米国輸出に力を入れ、英国に大きな経済効果をもたらしたのはご存知のとおり。

このサクセスストーリーの裏には、当時トライアンフが倒産の危機にさらされ、二輪車部門を諦め自動車生産に絞るという事実（35年）が隠されていた。そこを立て直したのがアリエルの救世主だったジョン・ヤング・サングスターである。彼はパートナーとして前述のターナーとヴァル・ペイジを入れ、この3人の頭脳から第二世代のトライアンフが生まれ、二輪車史上に功績を残すことになったのである。もし決定どおりに二輪から撤退していたら、スピードツインが誕生しなかっただけでなく、その後のホンダCB750も生まれてこなかっただろう。

私自身、多くのトライアンフに乗ってきたが、なかでも48年型の500ccトロフィーは、CB450すら寄せつけなかっただけでなく、言葉では言い表わせない官能の世界を持っていた。今の設計者に知ってほしいのは、エンジンは官能的でなければならないということだ。国産車は静かで滑らかをヨシとするが、では何のために静かにするのかである。人を心地よくするのが目的であるならば、他にも良い方法がある。頭で考えるのではなく、五感で感じるエンジンを作ってほしい。

それにしても、映画『大脱走』で鉄条網をトライアンフで跳び越したあのシーンは半端ではなかった。今のモトクロッサーならまだしも、サスペンションがプアな50年代のバイクでは、着地と同時にダウンチューブが切れてエンジンが落ちてもおかしくなかったと思う。

町工場でも輝いた
モナーク インターナショナル SP1

MONARK SP-1：日本製／1956年
①2080×710×970mm ②1400mm ④150kg
⑤空冷単気筒OHV ハイカムシャフト ⑥246cc ⑦66.0×72.0mm ⑧7.2：1
⑨14hp／5000rpm ⑩1.88mkg 潤滑：ドライサンプ ⑪前進4段
⑫テレスコピック／スウィングアーム ⑮3.00-19／3.25-19 タンク容量：13ℓ
⑯130km/h

本書で1950年代、60年代の紹介が多くなるのは、この時代が今より遥かに個性的で、性能とは関係なくクルマが元気だったからだ。この頃は「バイクを作りたい。俺のバイクが一番だ」という兵が次々にメーカーを誕生させていた。いやメーカーというよりは町工場が多かったが、その町工場のなかで光り輝いていたのがモナークである。

モナークモーターは、まだ28歳という若き村田不二夫氏が設立した。彼はメグロに跨りレースで活躍しながら、引退後は青森で牧場をやろうと500町歩の土地を購入した。ところが、メグロ製作所社長の娘さんと結婚したのが運の尽きだった。おそらく社長から認められたのだろう、「バイクを作ってみないか」と話を持ち掛けられた。経理出身ではあったが、自分の思いどおりのバイクが作れるということで、意欲が掻き立てられたという。

最初はメグロの125ccエンジンを積んだポニー・モナークを発売（1950年）。翌年には高性能な新エンジンを搭載したインターナショナルを発表した。これは野村房男氏が設計したもので、英国のヴェロセットを範としたハイカムシャフトの150ccだ。そのボアを広げ190ccへ、さらに54年には226ccへ拡大し、名車M3へと発展した。下の写真がそれだ。

M3はハイカムシャフトの効果かトルクバンドが広く、ピックアップの良いエンジンだった。また車重も他車よりも30kgも軽かったため、小排気量ながら250ccクラスでは最速だった。スピード狂たちはこれに跨り、プランジャーのリア・サスペンションにもかかわらず草レースで好成績を挙げたのだ。

おりしも戦後初の第一回浅間火山レースが行なわれ、モナークはF1をベースにしたマシーンを用意した。結果は伊藤史朗のライラック、

谷口尚己のドリーム、田村三男のポインターに次いで中島信義が4位、大野英夫が7位に入り、並居る強豪を相手にチーム賞を獲得した。1955年のことである。これによって全従業員130人の町工場から生まれたモナークが一躍脚光を浴びることになった。このレーサーレプリカがSP1の名で発売されたのである。

SP1はアールズフォークを持ち、乗り心地と接地性に優れていた。また最高速度は最速の130km／hをマークした。それはヴェロセットを超すという信念で作られたエンジンが14馬力を発揮したからだ。

当時、ヴェロセットは雑誌の記事でしか見ることのできない高嶺の花で、今で言えば、前述のドゥカティ999S以上の存在だった。SP1もそれに近く、貧乏学生の私は中古のM3を購入した。中古というよりはひどいポンコツで、キャブレターは腐食し、マグネトーはガタガタで、シリンダーは錆び、タンクには穴が開いていた。それを19歳の浅知恵で、ひとつひとつ直した。塗装は電気掃除機の出口に噴霧器をつけ、銀粉をクリアで溶いてシルバーメタリックに塗った。クロームのメッキも施した。さらには種々の軽量化とバックステップやドロップハンドルの改造を行なうと、250ccクラスでは最速と豪語するだけの走りっぷりを示したのだ。

いっぽう、この時期になると大手メーカーは大資本を投入し、大量生産のラインを準備し始めた。それによって職人が作る芸術的なバイクは進路を断たざるを得なかった。東京港区の魚籃坂《ぎょらんざか》で誕生したモナークはわずか6年間の命だったが、情熱を持った村田不二夫と野村房男の力によって、誰にも負けぬ輝きを放っていた。モナークは作り手の情熱と個性から傑作が生まれるということを示してくれたもので、それはいつの時代も共通して言えることだ。

革新的な性能とデザイン

ブリヂストン 90スポーツ

BRIDGESTONE 90 SPORT：日本製／1964～1967年
①1830×680×1100mm ②1160mm ④79kg ⑤空冷単気筒／2サイクル
⑥88cc ⑦50.0×45.0mm ⑧6.55：1 潤滑：分離給油
キャブレター：17φミクニアマル ⑨8.8ps／8000rpm ⑩0.85mkg／6000rpm
⑪4段ロータリー（❶2.720 ❷1.720 ❸1.230 ❹0.924） クラッチ：湿式多板
始動：キック（プライマリー） ⑫テレスコピック／スウィングアーム
⑮2.50-17／2.50-17 タンク容量：8.5ℓ ⑯105km/h ⑰8万2000円
製造：ブリヂストン・サイクル工業株式会社

学生時代、さほど速くもなかったが、ブリヂストンのファクトリー・ライダーとして、「第三回全日本浅間火山レース」に参戦した。これでもお抱えライダーだったから、下にも置かぬ扱いで、レースの前夜には立派な迎賓館で血が滴るステーキが出てきた。貧乏な時代だったが、生肉は闘争心を掻き立てると言って。

ところが肝心のマシーンは強制空冷のチャンピオンだ。パワーが低いだけでなく、エアクリーナーもボロのため、火山灰を吸ってプラグがブリッジを起こし失火してしまう。レース中にプラグを交換するなど考えられないが、予備のプラグとレンチをブーツに括ってのスタートだ。予選では、やはりブリッジが発生、急いで交換し7位で通過。決勝は馬力が2倍以上違うスズキM－40の間に割って入り、同じく7位での入賞だった。前日の生肉が効いたのかもしれない。

BSのバイクは1953年から67年までの、

わずか15年間しか存在しなかった。当初は中島飛行機荻窪工業（のちのプリンス自動車）が作った自転車用補助エンジンにBSモーターの名を付け販売。ローラーをリムに押し付ける黄色い奴だ。

その後、強制空冷のチャンピオンを主体としたが、一世を風靡したのがアルミシリンダーの高性能なスポーツバイクである。2サイクルは焼き付きやすいために独自の技術を開発し、また吸気効率の高いロータリーバルブを採用。それらによって画期的な性能を発揮し、他社を大きくリードした。それをBS50、90、175、そして350へと展開し、全日本モトクロス、ロードレースで連覇を飾った。その中心的な車種がBS90である。私が開発に関わり、林 英次がデザインしたものだ。

90スポーツはノーマルでも8・8psを発揮し、125ccを追い回すほど群を抜いた性能だった。

これにキットパーツを組み込むと14・0psにも達し、モトクロスでもロードレースでも圧倒的な速さを誇った。

高性能と信頼性を両立できたのは、ポーラスメッキを施したアルミシリンダーによって、高い冷却性が確保できたからだ。ポーラスクロームとは表面をつるつるにするのではなく、オイル溜まりができるピンホールのあるメッキである。これを直接シリンダーの内面に施した。このメッキは鋳鉄スリーブに対して冷却性に優れ、摩耗も遥かに少ない。

もうひとつ高性能な理由は、吸気にロータリーバルブを設けたことだ。これによって厚いトルクバンドが可能となった。信頼性の面からは、コンロッドの小端部にニードルローラーベアリングを採用。我々は性能、信頼性ともに徹底したエンジンを作り上げた。

これらと並行して50cc水冷2気筒のGPマシーンを作り、世界GPへも挑戦した。17馬力のエンジンは14段ミッションと組み合わせた。リッター当たり340馬力エンジンのパワーバンドは500rpmもない。半クラッチと頻繁なシフトで常に1万4000rpmを保たないと前へ出ない。鈴鹿の1コーナーでは3つ、ヘアピンでは4つとシフトダウンする回数を覚えて走るほどピーキーだった。

ブリヂストンが短期間に高性能バイクを開発できたのは、丸正や目黒、トーハツなどから優秀な技術屋が集まったからである。この時期は各社が倒産や合併を繰り返していたため、技術屋の出入りが頻繁だった。そういったなかでもブリヂストンは社員を大切にする大らかな企業であったため、それが商品に現われていた。

今もクラシックバイク・レースでBS50／90が連戦連勝を続けている。その勇姿は開発したものにとって、何物にも替えられぬ喜びである。

僕の原点

スズキ
ダイヤモンドフリー

SUZUKI DIAMOND FREE：日本製／1953〜1957年
⑤空冷単気筒／2サイクル　⑥58cc　⑦43.0×40.0mm　⑧7.1：1
⑨2.0hp／4000rpm　⑩0.43mkg　⑪前進2段　⑫ガーターフォーク／リジッド
⑮24×1·3/8

戦後の東京は、辺り一面に焼け野原が広がり、廃材を打ち付けたあばら家が点在していた。庶民の足は自転車に1馬力にも満たないちっぽけなエンジンを付けた自転車オートバイだ。この自転車オートバイが戦後の経済成長をもたらした原動力である。なかでも人気があったのは、黄色いエンジンのBSモーターと、白いタンクに赤いエンジンのホンダ・カブだった。もっとも高性能（*）だったのが、鈴木織機（スズキ自動車）から1953年に発売されたダイヤモンドフリーである。58ccの2サイクルは2馬力を発揮し、手動の2段ミッションも付いていた。

当時は都内に屑鉄屋が数多く点在し、鉄屑の山には錆びた焼夷弾や焼け爛れた自転車、さらには銃剣までもがあった。その中にダイヤモンドフリーのエンジンを見つけたのだ。フィンは割れ真っ黒だったが、小遣い銭500円と交換してもらった。中学1年13歳の全財産である。

さっそくエンジンを分解し、どういう仕組みなのか、クラッチや変速機は。さらには、どうしたらもっと馬力が出るのだろうか。13歳の頭にはそれしかなかった。まずは抵抗を減らそうと、紙やすりでギアとクランクを磨いた。いくら磨いても焼きの入ったギアなど光るはずはない。それでもピカピカのエンジンが出来上がった。次は圧縮を上げようと、メリケン粉(小麦粉)を練って燃焼室に貼り付けた。これで完全なチューニングエンジンが完成した。

しかし、まだフレームがない。また屑鉄屋に御百度参りが始まり、ニッサンバイクの車体を見つけたがエンジンと合わない。木棒でフレームを仮決めし、鉄工所で作ってもらった。塗装は掃除機の出口に噴霧用のノズルを取り付けて真っ赤に塗った。排気管は砂を入れ、コークスで熱してアップマフラーにした。最後にクロームメッキを掛けた。変速は自転車用の外装3段

と手動の2段ミッションを組み合せ6段である。

いよいよ「タチバナスペシャル1号」の火入れ式だ。まだナンバープレートもなければ免許証もない。でも、そんなことはどうでもよかった。ティクラーを押し、ペダルを回す。するとエンジンは一発でかかり、ラッパ型の排気管からは〝パラパラーン〟と痛快な音が響き渡った。が、次の瞬間、芳ばしいパンの匂いとともに、焦げたメリケン粉の塊が排気管から飛び出した。なんのことはない、精根込めたエンジンはわずか数秒の命だった。次は燃焼室に粘土を盛ったが、やはりダメだった。最後はヘッドにタップを立ててボルトを植え込み、やっと圧縮を上げた。マシーンが完成すると成果を見たいのが本能である。シートに寝ころび、空気抵抗を減らした気になって、達成した最高速度は78㎞／h。カタログの数値は60㎞／hだったから効果は大きい。

自作のマシーンがいかに速いかを示したいが、レースなどあるはずがない。そこで二子多摩川の読売新聞社飛行場をお借りし、ドラッグレースを自分で開催することにした。その時にはタチバナスペシャルも4台目まで進み、最高速度は81㎞／hまで向上していた。1958年8月、16歳の時だ。

その間、お袋はデキの悪い私のために近くの交番と警察署に菓子折りを持って頭を下げ続けてくれた。なにしろ無免許で公道をバリバリいわせているのだから、いくら頭を下げても足りるものではない。しかしそれで済んでいたのだから、この時代がいかに大らかだったかが窺い知れる。これが私の原点だ。考えてみると今も同じことを繰り返しているのだから、どう見ても成長したとは言えそうにない。

＊ダイヤモンドフリーは、第1回／第2回の富士登山レース（1953／54年）のバイククラスで優勝。自転車バイクの中で群を抜いた性能を持っていた。

五の章

いま、そしてこれからを共に

先進技術で人を優しく包む
シトロエンDS

CITROËN DS19：フランス製／1955～1965年
【1958年式】①4838×1790×1470mm　②3125mm　③1500／1300mm　④1215kg　⑤水冷直列4気筒OHV　⑥1911cc　⑦78.0×100.0mm　⑧7.5：1　⑨75hp／4500rpm　⑩14.0mkg／3000rpm　⑪4段MT　⑫リーディングアーム／トレーリングアーム（ハイドロニューマティック）　⑬ラック・ピニオン　⑭ディスク／ドラム　延べ生産台数：145万5746台

冒頭の話の続きだが、私自身、次々に乗り換えるのはやめ、そろそろ生涯の伴侶となるクルマを選ぼうと考えている。そうした時に、このDSとジャガーのマークII、それとローバー2000TCは最有力候補だ。

昔からシトロエンにはおっとりしたテンポがあり、それにはまると抜けられない人が多い。2CVからDSまで、どのクルマも乗る人を穏やかな空気で包んでくれる。あの間延びしたテンポが、大らかな気持ちにさせてくれるのだ。

DSは、3125㎜という長いホイールベースとハイドロニューマティック・サスペンション、それにふんわりしたシートに深々と座った時のリズムが実に良い。100㎜という超ロングストロークのOHVエンジンも、ドロンとしてはいるが、サスペンションのリズムと調和し、身を任せるとゆったりした安らぎを感じる。

1955年のパリ・サロンで初めて披露され

たDSは、未来からやって来た宇宙船のように見え、中に秘められた先進的なメカニズムと合わせ、ジャーナリストは10年進んだクルマと評した。10年ではなく、50年以上過ぎた今でも、いやここから先も、このクルマを超えるユニークで大らかなクルマは生まれないであろう。

穏やかな乗り心地を醸し出す足回りは、言うまでもなくハイドロニューマティック・サスペンションで、スプリングもダンパーも存在せず、水と空気で成り立っている。特に好きなのはソファーのようなシートだ。たっぷりとしたウレタンは身体を柔らかく包み、そのウレタンは収縮性のあるベロア・ジャージで覆われている。この生地は運動着に使うジャージだから優しくフィットする半面、すぐにボロボロになってしまう。フランス車に革シートが少ないのは、表皮が硬くウレタンの性能が出ないからだ。

乗り心地の良さは、その恩恵だけでなく、フ

ロアの下の頑丈なサイドシルとクロスメンバーが減衰を良くしているためでもある。その上に骨格が組まれ、ドアやルーフの蓋物が11枚張り付けてある。そういった車体構造であるため、その後のワゴンやカブリオレの展開が容易であったのだろう。

いかにもシトロエンらしいのは、ステアリングホイールが1本バーで固定されていることだ。そのバーが右ハンドルの時は右下にあり左上の剛性が低い。左ハンドルはその逆である。それは事故をした時に、身体がハンドルの剛性の低い方に傾き、クルマの外に出ないよう考えたものだという。真偽は不明だが、実に面白い。

このようにシトロエンの技術は、人を優しく包むことに投入され、2CVやDS、Hバンなどの名作によって、個性的で先進的なメーカーであることを、世界中の人々に印象づけた。この独自性がダブル・シェブロンのシンボルを価値あるものに押し上げたのだ。

DSは20年間も作り続けられ、累計台数は145万5746台にも達する。単純計算すると月産6000台となり、現在でも人気車種並みの生産ペースだ。この数値からもわかるように、決して特異なクルマではなく、多くの人々から愛されたのである。

我々がシトロエンのようにゼロから発想するのは難しい。それはクルマの開発費が1車種あたり200億円はかかり、期間は短縮したといっても2〜3年を要するためだ。だからチャレンジするといっても、無自覚のうちに安全牌を積んでしまう。また日本は「リスク回避社会」であるため、個性的なものをゼロから生む気概に乏しいとも言えよう。

私がDSを欲しいと思うのは、ちょっと頑張れば長閑な生活が得られるかもしれないという夢も一緒に叶えられるからだ。

気持ちが若返る
ルノー・メガーヌ

RENAULT MEGANE：フランス製／2002〜2008年　＊（　）内は1600cc
【2003年式】①4215×1775×1460mm　②2625mm　③1510／1515mm
④1320（1260）kg　⑤水冷直列4気筒DOHC　⑥1998（1598）cc
⑦82.7×93.0（79.5×80.5）mm　⑧133ps／5500rpm（113ps／6000rpm）
⑨19.5mkg／3750rpm（15.5mkg／4200rpm）　⑩4段AT　⑭ディスク
⑮205/55R-16（195/65R-15）　⑰253万円（220万円）
＊5段MTは2004年10月の2.0ℓ／2005年3月の1.6ℓから追加。

街ですれ違うと、メガーヌのはつらつとしたスタイリングに思わず振り返ってしまう。ルノー広報はタイアを四隅に配した独特のプロポーションをPRするが、それよりも突き出したヒップ周りのほうが魅力的である。直立したリアウィンドーと鋭角に尖がったリアゲートパネルは、異質な要素を組み合わせているため、斬新でありながらエレガントに見える。それでいてパッケージと両立させている点は、さすが副社長パトリック・ル・ケモンのデザインだけのことはある。そういったデザインメッセージが、クルマから若いエネルギーを発信している。

斬新なエクステリアに対して、インテリアはオーソドックスなため安心感がある。また外観から受ける印象とは違い、ラッゲージスペースも充分にあり、後席も不満のないレベルだ。とはいえ、欧州ではやや狭いとの評価が出ていたようだが。

運動性能は、そのスタイリングと同様、乗る人をはつらつとした気分にさせてくれる。サスペンションはクリオ（日本名：ルーテシア）の良さを伸ばした、まさに兄貴分的フィーリングである。前後の剛性バランスが良いため、コーナリング中も挙動が安定し、タイアがよれることもなく、トレッド面でしっかり路面を捕らえている。そのためステアリングはリニアで、切ったら切ったぶんだけグイグイ曲がり、スタビリティもすこぶる高い。

メガーヌは乗り心地とハンドリングを高い次元でバランスさせ、ドライなフィールである。そのため爽快な気分になる。一般的に乗り心地やロードノイズを良くするには、ブッシュを大きく柔らかくするため、ねっとりしたウェット・フィールになりがちだが、そこがルノーのチューニングの巧さだ。それはタイア、サスペンション、ボディ、シート、それぞれの剛性と減衰

をほどよく調和させているからである。また二重フロアの効果もあり、ロードノイズは低く抑えられている。この二重フロアのスペースをアンダーフロア・ボックスとして活用しているのも最近のルノーらしい。

ステアリングは、電動パワーステアリング（車速感応式）であることを気づかせないほど、滑らかでリニアだ。しかしキャスター・アクションのような、ステアリングを戻そうとするフィーリングが街中では気になった。トルクフルな2・0ℓエンジンは、93㎜のロングストロークの効果か、パーシャルでパンチがあり、1320kgの車体を軽く感じさせる。

このメガーヌは、2003年にヨーロッパ・カー・オブ・ザ・イヤーを獲得し、販売実績もこのCセグメントでナンバーワンを誇る11・6％を示している。それは安全性、実用性、信頼性のすべてで高い評価を獲得したからだ。特に安全性ではヨーロッパの「ユーロNCAP」で五つ星を得ている。

実はメガーヌのステアリングを握った瞬間、初代のFFファミリアを思い出した。完成度の高さや車格では比較にもならないが、運転していることが楽しく、クルマが元気であるという点では、同じ方向を向いている。

08年9月のパリ・サロンで3代目の新型が発表された。サイズは全長で60㎜、幅で15㎜大きくなり、デザインも一新され、技術的にも進化した。しかし個人的にはこの2代目のほうが好みである。

もし、私自身がクルマを1台に絞れと言われたら、迷わずこの2代目を選ぶ。それはクルマから若さをもらえるからだ。人を若返らせる力は、サスペンションをスポーティに振ったという単純なものからではなく、作り手の考え方が明確で、媚びがないから生まれたものと思う。

バウハウス的な
ヴェロセットLE

VELOCETTE MODEL LE：イギリス製／1948～1971年
④113kg　⑤水冷フラットツインSV　⑥149cc（のちに192cc）
⑦69.0×93.0mm　⑧8hp／6000rpm　⑪手動3段（初期型のみ）
⑫テレスコピック／スウィングアーム　⑯80km/h
＊無骨なLEも、丸みを帯びながらマークⅠからⅢまで発展、23年間生産された。

ヴェロセットは、あの独特スタイルといい、漆黒に金色のラインが入った塗装といい、誰もがジョンブル魂むき出しの英国車だと思っている。ところがヴェロセットは、前述のトライアンフ同様にドイツ人が造り出したものだった。

創始者はジョン・グッドマンという名前で知られているが、元の名をヨハネス・グッゲマンという。彼は１８７６年、19歳の時に英国に渡った。当時はクルマやバイクが生まれる前の、自転車の時代だった。そこで自転車製造を開始。

その後、ふたりの息子と共に「ニュー・ヴェローチェ・モーターース」を立ち上げ、バイクの製造を開始。彼らは当初からマン島ＴＴレースに勝つことを目標に、革新的で精度の高いエンジンを開発した。そして１９２６年、69歳にして初めてＴＴでの優勝を遂げたのだ。ＴＴは１周60㎞のコースを給油しながら何周も回る過酷なレースだ。当時の技術力では長丁場を走り切れず、脱落するチームが続出するなか、ヴェローチェは品質の高さを誇った。その後、車名をヴェロセットに改名しても、TTへの挑戦は続き、その頂点に君臨したのが、次の項で紹介するKTTマークⅧである。

そういった背景から、ヴェロセットというとオーバーヘッドカムの高性能車を連想するが、66年間の歴史にはLEというユニークなモデルがあった。1940年代に世界一静かなエンジンを作ろうと、水冷のフラットツイン、サイドバルブ150ccを設計し、それを建築資材のようなL型鋼で組んだフレームに載せた。この造形はまさにバウハウスだった。

エンジンはスペックを見ただけで静かであることが想像できる。水平対向は偶力を打ち消し合い、水冷はフィンからの放射音がない。サイドバルブは燃焼時間が長いため燃焼音が静かである。またシャフトドライブだから、チェーン

のガシャガシャした音もないのだ。

実際にLEは、キックが手で下ろせるほどに軽く、音もなく静々と回り続ける。走り出しても実に滑らかだ。ところが、なぜか背筋を伸ばした運転姿勢になる。そう！　LEは旧いイギリス映画に出てくるポリスが乗っている奴なのだ。トレンチコートを着たポリスが背筋を伸ばして乗っているあのバイクで、跨ると運転姿勢がなぜか映画のポリスになってしまう。

こういった映画のシーンや旧友の吉村国彦が乗っていることもあって、LEが妙に気になっていた。ところがあろうことか、当時、バウハウスで学ばれた山脇 巌・道子夫妻が帰国する際に持ち帰ったLEを手に入れることができたのだ。ご存知のようにご夫妻は帰国後、日本にバウハウスを知らしめ、モダーンデザインに多大な貢献をもたらした方である。

特に初期型はバウハウス的に見えるが、実際にバウハウスがLEをデザインしたとは考えにくい。おそらくこの学校の卒業生が母国の英国に戻りデザインしたものと思う。この卒業生150人の中に日本人の山脇 巌・道子夫妻もおられたのだ。

そんなこともあって、バウハウスが誕生したワイマール（現ドイツ）を訪れた。ここは今もヨーロッパの文化首都として位置づけられ、非常に美しい街だ。なにしろゲーテ、ヘーゲル、バッハ、リストなどがここをホームグラウンドにしていたのだから。

考えてみるとLEがバウハウス的であるのは、卒業生がデザインしたとしても、グッドマンの心に母国ドイツがあったからだろう。一方で、そういった彼の一連の成功が内務省から認められ、正式に英国人となった。そして名前をジョン・グッドマンに変えたが、LEには、人には見せない彼の内面が現われているように思う。

李朝の皿の輝き
ヴェロセットKTT マークⅧ

VELOCETTE KTT Mk. Ⅷ：イギリス製／1939年
④145kg　⑤空冷単気筒SOHC　⑥348cc　⑨34hp　⑪4段
⑫ガーダーフォーク／スウィングアーム　⑯185km/h

私は骨董にも興味があり、朝鮮の李朝時代に作られた壷や皿が好きだ。これらの焼き物には張り詰めた「気」という緊張感と、人間的な温もりが両立している。だから佇まいが静かで凛々しい。おそらく当時の陶工は読み書きができなくても、凛々しい生き方をしていたに違いない。

一方で今、陶芸教室が人気であるように、焼き物は誰でも作ることができる。しかしわずかな面の張りだけで、可愛く見えたり、あるいは薄っぺらに見えたり、さらにはだらしなく見えたりもする。私には最近のクルマのデザインが、残念だがこの陶芸教室の皿茶碗のように見えてならない。

ヴェロセットKTTは、まさに李朝の焼き物に通ずる魅力がある。じっくりと佇まいを見てほしい。このマシーンは、1938年のマン島TTレースでファクトリーチームが大成功を収めた翌年に発表されたものだ。市販のレーシングマシーンだが、348ccで34馬力を発揮し、最高速度は185㎞/hにも達した。常にトップを独占できたのは、性能だけでなく信頼性の高さにも秀でていたからだ。そのため10年以上も君臨し続け、1949/50年の世界選手権までをも制したのである。

私が100台目の節目に手に入れたKTTは、1936年のマン島TTのジュニア・マンクスGPで優勝した時のマークⅥで、リジッドアクスルの素晴らしいコンディションのものだ。KTTは肉厚のドでかいヘッドといい、マグネシウム合金のクランクケースといい、分解すると、無骨だが精度の高い緻密な設計がなされていることがわかる。これが70年以上も前に設計されたものかと思うと、感服すら覚える。

ヴェロセットは技術的にも秀でていて、高性能なDOHCエンジンやスーパーチャージャーを開発しただけでなく、リアのスウィングアー

ム方式までも発明した。ヴェロセットがいまだに世界中のコレクターから高い評価を得ているのは、妥協を許さぬ「技術屋魂」がマシーンから伝わってくるからだ。それはアストン・マーティンがかつてルマンを目標に活躍し、その名声が今に繋がっているのとどこか似ている。そこには兵器のように研ぎ澄まされた美がある。

1930〜60年代に世界を制した英国のモーターサイクル・メーカーは、大きくふたつに分けることができる。ひとつはトライアンフ、BSAのようにアメリカ人が好む英国らしさを出し、対米輸出で英国経済を潤したものである。クルマではジャガーがまさにそうだ。もうひとつは、ジョンブル魂を貫いたヴェロセット、ノートン、ヴィンセント、マチレスなどである。

日本でもいまだにトライアンフやBSAの名声が高いのは、米国と同様にこの2社のバイクが多く輸入されていたからである。しかし、いずれにしても60年代に台頭してきた高性能、高品質、低価格の日本車にはついていけず、英国に685社もあったメーカーはことごとく息の根を止められてしまった。ヴェロセット社も1905年に生まれ、このような数々の名作を残したが、残念なことに他のメーカーと同様、経営危機に陥り1971年に閉鎖した。

李朝の焼き物のように、「気」を発するモノが、世の中から消えてしまったのだ。私は今まで100台も乗り継ぎ、レストアし、サーキットでは限界近くで走らせてきた。そんなこともあって、モノの「気」を少しは感じることができると思っている。今のデザイナーや技術屋に、こういった緊張感と安らぎを両立させた「気」が作り出せないのは、自分を限界に追い込んだ経験がないからだろうと思う。

今も速い軍用車
マチレス G3L

MATCHLESS G3L：イギリス製／1940〜1965年
④134kg　⑤空冷単気筒OHV　⑥347cc　⑦69.0×93.0mm　⑨16.6hp
⑪バーマン製4段　⑫テレスコピック／リジッドアクスル　⑯113km/h
延べ生産台数：8万台（イギリス軍に収めた台数。一般への販売を含めるとそれ以上となる）

私が共感するのは、前述のバート・マンロー（P・90）のように、自作のマシーンで果敢にレースに挑む姿である。日本でも草創期はもちろん70年くらいまでは、そんな熱い人が多かった。自分のマシーンがいかに優れているかを示すため、自らがハンドルを握る技術屋もいた。

草創期の欧州では、町の鍛冶屋的技術屋が自作のフレームにエンジンを載せ、隣町までの競走が一般的に行なわれていた。手のひらの感触と眼力で、自らの想いをカタチにする。そこには人が持つ「モノ作る本能」と「競争する本能」があった。そのため駿馬もあれば駄馬もあり、その駿馬の代表がマチレス&AJSである。

当時は柔なフレームにプアなタイアで、バルブスプリングまで剥き出しだったから、ライダーは熱いオイルを被りながら、未舗装路で戦った。そこには強靭な肉体と不屈な精神が求められ、レースはまさに命がけであった。それでも彼らが怖気づくことなく、果敢に挑戦を続けたのは、レースは貴族が国民に対し強さと豪腕を示す場でもあったからだ。戦で先頭に立ち士気を高めるのと同様な意味があった。

「MATCHLESS」は無敵という意味で、創業は１８７８年。創業者のＨ・Ｈ・コリアーは自転車を作ることから始め、名が世に轟いたのは、ＪＡＰのエンジンを積んだマシーンに、息子を乗せて第一回マン島ＴＴレース（１９０７年）に優勝したときだった。

１９３０年になるとマチレスは、Ｖツイン、さらにはＶ４のレーシングマシーンをも開発した。そして31年にアルバート・ジョン・スティーヴンス（Albert John Stevens）が起こしたＡＪＳを買収し、２社のブランドが併売された。なかでもＡＪＳは39年にスーパーチャージャー付きの５００㏄のＶ４を開発し、その最高速度は２１７㎞／ｈにも達した。

マチレス&AJSが「モーターサイクルの発展史」と言われるのは、それ以外にも数えきれないほどの名車を遺しているからだ。その名車のひとつにマチレスG3Lがある。これは1940年に生まれた軍用車だが、エンジンは今も通用する半球形の燃焼室を持ち、フロントフォークはこの時からテレスコピックが採用された。軍用車としては高性能で扱いやすく、同時に無類の信頼性を誇り、何がどうあっても壊れることはまずない。

私はこれに徹底したチューンを施し、レース用に改造した。クランクを高回転用にバランス取りし、シリンダーを作り替え、自作のカムを組みつけ、限界まで圧縮を上げた。しかし、ヘッドが鋳鉄のため、圧縮を上げると異常燃焼を発生。そこで大きな銅版のフィンを溶接して冷却も向上させた。変速機は筑波のコースに合わせた超クロスレシオである。もちろんフレームの補強にもぬかりはない。車両重量は40kgも軽量化し94kgである。その結果、操縦性は現役のバイクに引けをとらず、頭を入れるだけでラインがトレースできる。ところがブレーキがエンジン性能に対応できず、何回か危ない思いもした。レギュレーションではドラムブレーキなら他車のものに変更可能だが、大きなドラムではその時代にそぐわない。それでも、お立ち台の真ん中が指定席になっている。70年も前のマシーンだが、基本がしっかりしているため、現在に通ずる性能を発揮するのだ。

クラシックバイクが格好良く見えるのは、今の時代にない作り手の魂を感じることができるからで、またそれに跨った勇者もまたプライドを持っていたからだ。

ところで、「モーターサイクルの発展史」とも言われた歴史的メーカーのマチレスも、残念なことに日本車の台頭により、69年に姿を消した。

最速のカフェレーサー
トライトン

TRITON：イギリス製
①2010×680×1075mm　②1100mm　④127kg
⑤空冷並列2気筒OHV 2バルブ　⑥649cc　⑦71.0×82.0mm　⑧8.4：1
カム：メガサイクルKZ　キャブレター：CR　⑪5段リターン
クラッチ：乾式多板　始動：押し掛け　⑫テレスコピック／スウィングアーム
⑮100×90-18／120×120-18

1950年代の英国の若者は、我々と同様にアメリカに憧れていた。53年に放映された『乱暴者』のマーロン・ブランドや『エデンの東』のジェームス・ディーンに憧れ、コーラも、プレスリーのピンクのキャデラックも、ブロンドの女を抱きながらオープンエアを楽しむのも、すべてがアメリカンドリームだった。

特にロッカーズは、リーゼントヘアをブリルワックスで仕上げ、革ジャンの襟を立て、白いスカーフを巻き、ジーンズのポケットに入れた手は親指を出すのが定番だった。タバコを苦みばしった表情で吸い、ポケットのジャックナイフと鋲を打ったベルトは喧嘩の道具だった。

彼らは英国の労働者階級の若者で「レザーボーイ」と呼ばれ、技術を持つことも、勉強する意欲もなく、大人社会に否定的であった。この彼らが「カフェレーサー」というカルト文化を作り出したのである。

音楽もプレスリーやジーン・ヴィンセントの強力なロックンロールが瞬く間に浸透した。そこには階級制度も窮屈な規制もなく、開放的でパワフルな世界があった。英国にリーバイスのジーンズが進出したのも51年のことである。

こういった時代背景のなかで、彼らは稼いだ金をバイクにつぎ込み、次がタバコと酒と女であった。トライアンフ、ＢＳＡ、ノートンの大型バイクを買い、それをクリップオンハンドルに変えるなど、種々の改造を施した。バイクは自らの力を誇示するシンボルであり、自由への象徴でもあった。

バイク命の彼らのことを「カフェバー・カーボーイ」、「トンナップ・ボーイ」と呼んでいた。トンナップとは１００マイル以上で走る連中のことをいい、相手かまわず道路で競争していたのだ。そのカフェレーサー伝説の発祥地となったのが、「エース・カフェ」「ジョンソン・カフェ」

「ソルトボックス・カフェ」で、そのカフェから次のロータリーをターンして帰る街道レースを行なっていた。

チューニングショップは彼らを対象に、優れたノートンのフェザーベッド・フレームに高性能なトライアンフ・エンジンを搭載したモデルを作り出した。これがトライトンの始まりで、54年のことである。この後ドレスダ、ダンストール、リックマン、シーリーとカフェレーサー・メーカーが次々に生まれた。

日本でも同時期にカフェレーサーのブームが一部で起きていた。完成間もない横浜バイパスに英国製のバイクやメグロ試作車までが深夜に集まり、私のAJSは末席をにぎやかせていた。

ボンネは高嶺の花で、今で言うとジャガーを買うようなものだったから、学生の私には無理な話で、やっと手に入れたときには街道レースは終わっていた。ましてや世界の一流パーツで組み立てられたトライトンなどは話でしか知らず、アストンのヴァンキッシュのようなものだった。

写真のトライトンは数年前に手に入れたものだが、徹底したチューンを施したので、おそらく国内最強マシーンだと思う。2007年の春のモノルネ（岡山国際サーキット）では、なんとお立ち台の真ん中をゲットした。

50〜60年代というのは、英国と同様に、スマイリー小原の演奏するプレスリーのロックンロールが日本中を沸かしていた。週末にはダンスパーティーが行なわれ、ポニーテールに髪を結った女の子たちがジルバを踊ると、ふんわりとしたスカートが鮮やかに舞い、実に華やかな光景だった。この時代はアメリカ車が格好良く、兄貴のベルエアに野郎と女の子を満載にしていた。そんな時代にカフェレーサーが流行ったのである。

ファクトリーを追い回す

BSA ゴールドスター DBD34

BSA GOLDSTAR DBD34：イギリス製／1938〜1963年
④140kg ⑤空冷単気筒OHV 2バルブ ⑥499cc ⑦85.0×88.0mm
⑨40ps／7000rpm ⑪4段 ⑫テレスコピック／スウィングアーム ⑯177km/h

〝ゴールドスター〟とは、英国のブルックランズ・サーキットで時速100マイル（160km／h）以上を記録したライダーに与えられたバッジのことだ。当時、このバッジはモーターサイクル史上もっとも名誉あるもので、1937年、BSAエンパイアスターに跨ったウォル・ハンドリーが105・5マイル（170km／h）を記録し、ゴールドバッジを獲得した。そのことからBSAは、この称号を500ccの高性能シングルモデルに与えた。

事実、ゴールドスターは市販車の中ではもっとも速く、ファクトリーのノートン・マンクスやヴェロセットKTT、マチレスG50と互角に勝負したのだから、生産が中止になる63年までの間、ナンバーワンの人気を誇っていた。ちなみにゴールドスターには350ccもあったが、あまり人気がなく60年で生産を打ち切った。

当時、英国ではカフェバーが流行っていて、レースの帰りにそこへ集まり、粋なライダーたちがバイクを格好良く改造しては、バイク談義に花を咲かせていた。これがいわゆる〝カフェレーサー〟の始まりである。ＢＳＡはこのカフェレーサーの定番であるセパレート・ハンドルにスウェプト・バックの排気系、大型のアルミタンクをつけたクラブマンを発表した。またキットパーツにクロスレシオのミッションや38φのＧＰキャブも用意したためファンはますます加熱したのだった。なにしろキットを組むと2速で１４５㎞／ｈにも達するのだから。

もうひとつ高い人気を誇った理由は、ファクトリーを追い回す性能を持ちながら、シンプルなＯＨＶ単気筒のためサービス性が非常に良く、安定した性能が得られるからだ。実際にレースで使うと、ピットでヘッドを下ろすことがあっても、さほど時間を取られない。

ＢＳＡというと、こういったスポーツイメー

ジを抱く人、そうではなく安く丈夫な実用車メーカーと受け止める人、アメリカ人好みの派手なバイクと受け止める人などさまざまだが、すべて当てはまる。

BSAはバーミンガム・スモール・アームズという社名の頭文字を取ったもので、エンブレムに使われている鉄砲や自転車などさまざまなものを作っていた。1910年にシンプルで廉価なモデルを発表し、その後、大ヒットを飛ばしたバンタムなどからBSAは丈夫で安いというイメージが定着した。一方で戦後の対米輸出に向けた派手なスーパーロケット（650ccのツイン）で外貨獲得に成功したのも事実である。

ところで私のゴールドスターは、写真ではわかりにくいが、コンパクトにまとめているためコントロールしやすく、筑波のような狭いコースでは抜群に速い。総アルミのエンジンは85・0×88・0㎜とややロングストロークだが、圧縮を高め、大口径の40φキャブを組み込むとトルクバンドが拡大し、筑波に向いたエンジンになる。難を言えばブレーキで、心細いためフロントをグリメカのダブルパネルに変えた。

2007年の「タイムトンネル」では息子が乗り、ピットスタートにもかかわらず並み居る650ccのトライアンフ勢をごぼう抜きし、3番手を走っていた私のトライトンの後ろに付けてきた。2台で3番手、4番手を競っていたが、私のトライトンはスウィングアームのピボットシャフトが折れ、息子の方はマグネトーのネジが緩んで、親子揃ってリタイアとなった。

「タイムトンネル」は毎年、親子対決の場になり、今年こそ息子には、息子は息子で親父には負けられないと歯を喰いしばっている。最近は愚息のほうが速くなったが、それを認めるわけにはいかないのだ。

40km/hで走ってもスポーツカー
ユーノス・ロードスター

EUNOS ROADSTER（NA型）：日本製／1989〜1997年
【1989年式】①3970×1675×1235mm　②2265mm　③1405／1420mm　④940kg　⑤水冷直列4気筒DOHC 16バルブ　⑥1597cc　⑦78.0×83.6mm　⑧9.4：1　⑨120ps／6500rpm　⑩14.0mkg／5500rpm　⑪5段MT　⑫ダブルウィッシュボーン＋コイル　⑭ディスク　⑮185/60R14
延べ生産台数：43万3963台

MG－Bの現代版がユーノス・ロードスターであるといっても過言ではない。ユーノスが生まれた背景には次のようなことがあった。

私はMG－Bを日々の足に使い（P・174「MG－B」の項参照）、常々、時代に則したBのようなクルマが欲しいと思っていた。折しも米国のデザイン事務所でプランを担当していたボブ・ホールも同じ考えを持ち、FRファミリアのプラットフォームを流用して作ることを提案してきた。私は当時、先行企画部門にも籍を置いていたため、オフライン・プロジェクトのなかで検討に入った。

企画の段階では、もっとも安いFFベースのもの、次はそれをミドに積んだもの、最後はすべてが新設になるFRを検討した。しかしFRは、コンセプトをもっとも具現化できるがコストが高い。さらに営業サイドが追い打ちを掛けるように、非常に少ない販売予測台数を提示してきた。結局最後には、我々の熱い想いが経営者を動かし、FRモデルで決定した。

私自身、種々のクルマを開発してきたが、スポーツカーほど難しいものはない。一般的には走りに振り、スポーティなデザインをまとえば良いと考えがちだが、そうではないからだ。「心を開放」できる要素がなければ、いくら高性能でもスポーツカーにはならない。逆に性能が低くても心さえ開放できれば、それは紛れもなくスポーツカーとなる。要は40km/hで走ってもスポーツカーでなければならないということだ。

ユーノス・ロードスターは、オープンエアという実質的な面もあるが、乗る人をウキウキさせる力がある。それはダイレクトなステアリングや短いシフトレバーが、アップテンポなリズムを刻むからである。また灰皿やカップホルダーもなく、ドアトリムはペラペラなビニール一枚。この潔さが精神的な面を高めたように思う。

話は変わるが、ヨーロッパを走ると、旧いクルマをいまだに日々の足として使い、時折、路肩に停めてボンネットを開け、頭を突っ込んでいる姿を眼にする。おそらく点火系の具合でも悪いのだろうと思うが、長年連れ添った相棒の面倒でも見ているようだ。

アメリカでもスーパーに行くと、排気管がズラーッと並び、その中から愛車のものを探し、休日に奥さんと交換している。クルマというのは道具だから、自分で点検し、壊れれば直すのが当たり前。自転車だってチェーンに油を注したりパンクも直す。椅子でもギシギシ鳴けば釘を打つ。これがモノとの付き合いである。

家電を修理に出すと、近ごろ決まって言われるのが、「直すより買い換えたほうが安いですよ」という言葉だ。ちょっと直せば使えるものがゴミになる。いま大切なのは、壊れても簡単に直せるシンプルな構造にすることだ。

私が担当したこのクルマは、ブラックボックス化を極力避け、ユーザーが標準工具で整備することを願って開発した。手に油する楽しみを知らないと、モノを表層的にしか捉えることができないからだ。

そういった想いが功を奏したかどうかはわからないが、初代NA型は時代の空気に乗り、お陰さまで大成功を収めた。8年間での延べ生産台数は43万4000台に達し、MG－Bが18年間で達成した52万台に近づくまでになった。

ところで我が家には以前、スポーツカーしかなかった。家族4人で出かける時は、家内がユーノスに娘を、私がMG－Bに長男を乗せて2台で行く。ともにオープンだから子供たちはクルマ越しに大声で話し合う。その子供も今や30歳を超えたが、2台連なって移動していたことを懐かしそうに話す。一丁前に「ミニバンなんかに乗るからクルマ離れが起きんだよ」と。

心の帰る場所

MG-B

MG B：イギリス製／1962〜1980年
【1962年式】①3891×1522×1254mm　②2311mm　③1245／1250mm　④871kg　⑤水冷直列4気筒OHV　⑥1798cc　⑦80.3×88.9mm　⑧8.75：1　⑨94hp／5500rpm　⑩15.2mkg／3000rpm　⑪4段MT　⑫ダブルウィッシュボーン＋コイル／リジッドアクスル＋リーフスプリング　⑬ラック・ピニオン　⑭ディスク／ドラム　⑮5.60-14

「釣りは鮒に始まって鮒に終わる」という諺があるが、それを模した「クルマはMGに始まってMGに終わる」という言い方がある。そういえば、遊び回っても最後は女房へ帰るという「母港論」もある。「鮒」「MG」「女房」に共通するのは、心を開放できる包容力であると思う。

最初に購入したMGは64年の初期型で、フェアレディSPを元手にした。まだ24歳の分際だった。エンジンは素朴な鋳鉄ヘッドだが、チューンするとかなり速かった。しかし、MGの本当の良さが性能ではないことに気づいたのは、クルマを手放してから25年も後のことだ。その間、何十台も乗り継いだが、MGに心が戻ったのである。それは性能にではなく、一緒に過ごした60年代の青春だったかもしれないが、MGには、そうした懐の深さが感じられる。

25年後に当時と同じ64年型を購入し、一生乗るつもりでフロアの張り替えなどフルレストアを行なった。エンジンをバラすとついつい手が動いてしまい、燃焼室の形状を修正し、合わせ面を3㎜削り、SUキャブレターもワンサイズ大きくした。カムシャフトは十数種類も用意されているなかからリフトの高いものを注文。確か3万円もしなかったように思う。もちろんクランクやコンロッドも研磨。こういったチューンもジャガーに比べると至って簡単である。

その効果は大きく、アイドルでは〝ブリッ・ブリッ〟と一発一発の燃焼が鼓動を打ち、ひとたび鞭を入れると甲高い雄たけびに変わる。トルクフルなエンジンは920kgの車体を力強く押し出し、実に気持ちがいい。日々の足にもってこいだ。

私がBにこだわって初期型を3台も乗り継いだのは、心情的な面だけでなく性能と実用性をきちんと押さえているからだ。Aに比べるとホイールベースが77㎜短くなり、全幅は62㎜拡大。

車重は7kg軽くなった。カウルポイントも低くなり、キャビンもトランクも拡大されている。私のBはバッテリーボックスの上にクッションを載せてあるので、書類上4人乗りだ。

MGとはモーリスガレージの略で、ディーラーとして1910年にスタート。そこでスペシャルモデルを作り、MGの名を与えたのは1924年のこと。創業時から既存部品を寄せ集めた安いクルマだったが、安物に見えることもなく、背伸びや媚のない素直なクルマである。おそらく創始者のセシル・キンバーの性格がそうさせたのであろう。

MGの大成功への軌跡は、第二次大戦中に欧州で若い米兵たちが小粋なクルマを目にした時に始まった。それまでの大きな鉄の箱とは対照的にキュートなMGは、米兵を魅了し、戦争が終わり帰国する際に持ち帰った人も多かった。戦争の被害を受けなかった米国本土は開放感に溢れ、必然的にスポーツカーの市場が生まれたのだ。そしてMGはプレスリーのロックンロールに乗って全米に広まった。

Bは18年間も作り続けられたが、その間、64年にクーペボディのGTを、67年にはビッグ・ヒーレーの3ℓ直6を積んだCが用意された。この後継として73年にローバーの3・5ℓを搭載したV8が追加された。もしBをお探しなら67年型が良い。アルミボンネットがまだ採用されており、エンジンが5ベアリングに変わり、ローギアにシンクロが付いたからだ。またGTも使い勝手がよく魅力的なクルマである。

Bの良さは、丈夫であることはもちろん、シンプルな構造のため整備しやすく、いまだに補充部品が豊富で安いことにある。今もMGに心惹かれるのは、このクルマには家族のような温もりがあるからだ。さすがに「MGに始まってMGに終わる」と言われるだけのことはある。

ボロでも人を誘惑する色気
ジャガー・マークⅡ

JAGUAR Mk-Ⅱ：イギリス製／1955～1969年
【1960年式】①4590×1700×1460mm ②2730mm ③1398／1355mm ④1460kg ⑤直列6気筒DOHC ⑥3442cc ⑦83.0×106.0mm ⑧8.0：1 ⑨213hp／5500rpm ⑩29.9mkg／3000rpm ⑪4段MT／3段AT ⑫ダブルウィッシュボーン＋コイル／リジッドアクスル＋リーフスプリング ⑬ボール循環式 ⑭ディスク ⑮6.40-15 ⑯200km/h

いい女とは？と聞かれると、「気品と色気を兼ね備えた女」と答えるだろう。もちろん賢いことも必要だが、言い出したら切りがない。クルマも同様で丈夫で燃費がいいだけでは、愛情が生まれにくい。ジャガーは昔からそういった気品とセクシーさを併せ持ち、それでいてスポーティだ。この気品と色気は旧いものほど濃密だが、普段の足に使おうと思えば、両立するのはマークⅡしかない。

5ナンバー枠に収まるサイズでありながらルーミーな室内。前方には強力な3・4ℓ直6エンジンを納め、それでいてトランクは1115㎜の奥行きを確保。実に合理的な設計がなされている。ルーミーに感じるのは、シートバックを低くし前席と後席の顔が互いに見えることと、木と革の使い方が巧いからだ。そのためドアを閉めると自然に会話が始まる。

木と革の使いかたの巧さは、イギリス人に染み込んだ文化である。というのも英国の冬は、寒く暗い世界が続く。そのため建物の内部に暖かみを感じる木と革を使うようになったという。クイーン・アン様式の家具のように上質な寛ぎを醸し、しかも実質的な使いやすさがある。この裕福かつ、つつましやかな世界感が彼らの家である。そういった豊かなインテリアを、そのままクルマのシャシーに載せようと考えたのだ。

またジャガーが上品に感じるのは、ステアリングホイールやシフトレバーが細く、まるで白魚のような指先にでも触れるかのような錯覚を覚えるからだ。乗り心地もリーフのリジッドとは思えないほど滑らかで、路面のザラザラ感は伝わってこない。この質感がジャガーなのだ。

当初、ジャガーは「プアマンズ・ベントレー」と酷評されたが、それがかえって我々庶民に、アストンやベントレーとは違う親近感を感じさせているのかもしれない。ジャガーの魅力は、

ドライバーがのんびりしたい時には上品に振る舞い、ひとたび鞭を入れると野獣性を発揮する、この二面性があることだ。二面性はデザインにも上手く表現され、上品に見せながら角度を変えると、ネコ科の動物が獲物に飛びかかるようにも見える。

しかし、いつの時代も装飾的技法が過剰である。それは対米輸出を主体としたため、英国車の精神的な贅沢を米国においてプレステージ化し、表層的な部分を誇張したからだ。創始者ウィリアム・ライオンズは、デザイン面に秀でていただけでなく、商才にも長け、広告宣伝や販売の上手さによってジャガーを成功に導いた。

私自身、いい加減に浮気をやめて一生の相手にと、このマークIIを選んだ。氏素性が確かなものを英国で探し、レストア後に送ってもらった。ところが写真や交換部品リストを信じたのが大失敗、想いとはかけ離れたものが届いた。

仕方なく自分でレストアすることにしたが、ある日、エンジンを掛けた瞬間、ガッツンという音と共に息が止まってしまった。原因はブレーキ用の負圧タンクに長年溜っていたフルードがエンジンに吸われ、液体圧縮を起こしたためだ。幸いガスケットが抜け、バルブが曲がっただけで、コンロッドには被害が及ばなかった。この際、エンジンのオーバーホールと併せ少しチューンしてやろうと、ポートを今風に修正し、圧縮も上げてやった。すると47年も前のクルマがタイアスモークを上げて猛ダッシュするのだ。それもそのはず、マークⅡは小さな身体にXKエンジンを搭載し、ツーリングカーレースで連戦連勝を重ねた兵で、ドライバーにはスターリング・モス、グラハム・ヒル、ジョン・サーティースといった神様的名手が乗っていた。

エンジンが回復し、気を良くしたたものの、ブレーキが一向に利かない。原因は錆びだらけのマスターバックだろうと考え、英国から新品を取り寄せた。ところが症状は一向に良くならない。マスターバックを分解し、チェックバルブは息を吸ったり吐いたりして方向を確認し、構造を紙に描いて原因を調べた。すると元々の配管が間違っていたことがわかった。

これでやっと走れると思いきや、ブレーキの油圧が上がったため、今度はホイールシリンダーが抜けていたことが判明。ホイールシリンダーを直しても、長年オイルに浸かっていたローターは油分を含んでいる。さらに偏摩耗しているためペダル剛性が出ないのだ。これからローターを研磨する予定で、これで間違いなく本領を発揮するはずである。

はっきり言おう。いくら気品と色気を兼ね備えた美人でも、これほどのボロはない。しかしこれほど人をその気にさせるクルマもない。そこがジャガーなのである。

業界最悪の小悪魔
ジャガーEタイプ

JAGUAR E TYPE：イギリス製／1961〜1975年
【ロードスター】①4453×1650×1220mm ②2440mm ③1270／1270mm ④1233kg ⑤水冷直列6気筒DOHC ⑥3781cc ⑦87.0×106.0mm ⑧9.1：1 ⑨265hp／5500rpm ⑩36mkg／4000rpm ⑪4段MT ⑫ダブルウィッシュボーン＋トーションバー／ロワーウィッシュボーン ⑭ディスク ⑮6.40-15

Eタイプほど恨みつらみの募る美人もいない。マークⅡもかなりの女だが、彼女はそれ以上だ。人を誘惑しておいて、平気で奈落の底に突き落とす。世界中で何人の男が泣いたことだろう。それでも憎まれないのが美人の特権で、私自身、Eタイプだけでポンコツを3台も乗り継いでしまった。

彼女の魅力は、そこに停まっているだけで周りの景色が変わるほど美しく、しかも頑張ればなんとか手の届くところにあることだ。しかし美しさとコストの両立は、安い部品を使うしかなく、サービス性もデザインの犠牲となり極めて悪い。例えば、パーキングブレーキのパッドを換えるには、リア・サスペンションをサブフレームごと降ろさなければならない。あまりにひどいので説明書を読むと、「パッドの磨耗は使い方に問題がある」と記されていた。サービス性が悪いのは、英国車の常だから少しは我慢しても、安い材料を使って性能を高めているため次々に壊れ、まともな時がほとんどない。そう言いながら3台のうちの1台を憧れのライトウェイトEに改造しようと、ボルト一本まで分解したが、MGなどとは違いかなりの作業量のため、いまだに部品の山だ。

モノの格好良さは、完成された美しさより、それを崩したところにあると思う。そこでライトウェイトEの部品を集め、荒々しい野獣的なものにしようと考えている。ライトウェイトEとは、わずか12台だけ作られた総アルミのレーシングカーで、880kgの車体に320psのエンジンを搭載し、FRでありながらミドシップのフェラーリ250GTOと名勝負を演じた名車である。私もいつかはそのシーンを再現したいと思っているが一向に進まない。

この小悪魔・Eタイプが生まれた背景を少し説明しよう。創始者のウィリアム・ライオンズ

はレースには興味がなかったが、販売に効果的であると考え、XK120Cを製作して1951年のルマンに挑んだ。「C」とはコンペティションの意味で、後にCタイプと呼ばれる。チューブラーフレームに210psのエンジンを載せ、マルコム・セイヤーの空力的なアルミボディをまとっていた。

結果は素晴らしく、スタートして4時間後には1/2/3位を独占。その後2台がリタイアしたものの、1台は24時間を走り切り、初レースで優勝を遂げた。翌年は空気抵抗を減らすためラジエター開口部を小さくしたことが仇となり、全車がオーバーヒートでリタイア。53年はその雪辱を果たし、なんと1/2/4/9位を獲得した。

凄いのは、Cタイプを開発している最中に3種類もの後継車を準備したことだ。そのうちの一台は、マグネシウムモノコックとパイプフレ

ームを組み合わせ、後方に垂直尾翼を付けていた。これがDタイプである。しかし本番ではトラブルに見舞われ、フェラーリの後塵を拝し2位に甘んじた。

翌年はタイトルを奪回すべく空気抵抗を改善して挑んだが、メルセデスの300SLRに先行されてしまう。ところが、あろうことかSLRはメインスタンド前で周回遅れのクルマと接触し、空高く舞い上がって満員の観客席に突っ込み、多くの人命を奪った。すぐさまメルセデスはレースからの撤退を表明し、走行中のすべてのSLRに中止を命じた。ジャガーはこの撤退に助けられて表彰台に立つことができ、続く56／57年はプライベートのエキュリー・エコッス・チームが優勝をさらい、Dタイプはルマン三連覇という偉業を成し遂げた。

いっぽう、市販車のXK120／140／150はともに古典的なラダーフレームだったため、新たなロードカーの開発を進めていた。E1Aと呼ばれ、Dタイプとほぼ同形式の構造が取られた。この進化版のE2Aで米国のカニンガム・チームが60年のルマンに出場したが、競合車はすでにミドシップに変わり、勝ち目はなかった。そこで路線を正式にロードカーに変更し、ここにEタイプが誕生した。鉄板ボディとなった市販車は、243km／hの最高速度と見惚れるほどの美しさを持ちながら、価格は競合車より30〜40％も安かった。そのためまたもや大成功を収めたのだ。

ジャガーはボロだと言われながらも大成功を収めたのは、ライオンズ自身が常に時代を読み、ビジネスにもレースにも果敢に挑戦したからだと言える。

最後にひと言。Eタイプだけは超極上品でないかぎり、手を出さないほうがよい。

あとがき

今回、こうやって世界の名車を整理してみると、名車を生んだ人物の共通点は、次の三つであることがわかる。

1、心からクルマを愛していること。
2、夢を実現させる情熱と努力があること。
3、人間的な魅力が備わっていること。

人間的な魅力というと具体性がないが、その人の「個性」が光り、それに人々が共感するということだ。しかし、商品は社会的な営みのなかで生まれるから、作り手の単純な個性だけでは成り立たない。また、クルマは社会との繋がりが強いため、「技術屋の良心」が試される。その作り手の良心によって商品の善し悪し、さらには企業の善し悪しが分かれる。

口癖のように「欲しいクルマがないね〜！」と出るのは、裏を返せば「魅力ある人間」、「良心のある技術屋」が少なくなったということでもある。

名車が魅力ある人によって誕生することは万国共通だが、いっぽう、見方を変えると、フランス車とイギリス車にはある種の共通点があり、日本車とドイツ車には別の共通点があることがわかる。前者は戦争に勝ち、本土に影響が少なかった国であり、後者は敗戦を味わい国土が焼失した国である。それが如実にクルマに表われている。

つまり、前者のクルマには成熟社会から生まれる「枯れた腹八分の世界」がある。後者は「技術力」で勝負する、というところだ。「技術力」は戦後の復興にとってなければならなかったもので、それによって経済が発展してきた。

グローバリゼーションが進んで久しいが、フランスに行って感じるのは、新しいことを追い求め革新性を大事にする反面、なんの変哲もない穏やかな暮らしという伝統を守っていることだ。例えば、彼らが料理にも食事にも時間を掛けて楽しむということはご存知のとおりだが、10人中8人が家族と共に夕食を取っているという事実がある。日本と大きく異なるのは、フランス人の食文化は何がどうあれ、微動だにしないということである。彼らにとっては無意識の行動なのかもしれないが、そういった食生活の繰り返しが歴史となり、文化を創り出しているように思う。

フランス文化研究の第一人者、北山晴一氏は、「日本は幸せになれない社会」だと言う。「一番大きな問題は働き方です。企業の社会的責任は環境と人権と雇用の三つですが、日本は、まっとうな人間がまっとうに暮らせる働き方を保証する責任が、すっぽり抜け落ちている。日本の社会システムが人を幸せにしていない」と言うのだ。これを私流に言うと、「日本人は金に負けた」ということに尽きる。金の奴隷になり下がったため、心豊かな生活を忘れてしまった。それがモノ作りにも表われているように思うのだ。

このところ心の触れ合える仲間と好きな酒を交わすことが、このうえなく楽しく思えるようになった。それと同様に好きなモノに囲まれて過ごす時間は、同じように楽しく心地良い。キザな言い方だが、作者の「心」との会話があるからだ。そう言った心のあるモノを若い人は知ってほしい。また技術屋は、そう言ったモノによって自分を磨いてほしいと思うのだ。

以上

＊作者注
本文中、モーターサイクルの諸元表は私個人がさまざまな書籍やカタログといった資料を基に作成したものであり、不完全であったり、なかには正確でないものもある可能性がある。どうかご理解のうえ、ご容赦いただきたい。

写真提供
株式会社八重洲出版：p.48、p.94、p.103、p.138、p.141、p.144
桐島ローランド：p.16 右、p.91
フリーランスプランニング：p.72

この100年《ねん》、俺《おれ》の100台《だい》
——作《つく》り手《て》の心《こころ》に恋《こい》をする

2009 年 8 月 10 日　初版第 1 刷発行
著　者　立花啓毅《たちばなひろたか》

発行者　黒須雪子
発行所　株式会社 二玄社　東京都千代田区神田神保町 2-2　〒 101-8419
営業部　東京都文京区本駒込 6-2-1　〒 113-0021　Tel.03-5395-0511
＊　＊　＊
装　幀　Naraba Graphic Design
印刷所　株式会社 光邦
製本所　株式会社 越後堂製本
ISBN978-4-544-40037-3